U0333743

区域生态与环境过程系列丛书

新兴污染物的分析、迁移转化与控制技术：以药物活性化合物为例

段艳平　陈　玲　代朝猛　著

科学出版社

北　京

内 容 简 介

药物活性化合物（PhACs）在生态系统中具有较强的持久性、生物活性、生物累积性和缓慢的生物降解性特点，如果长期暴露于人体和水生、陆生生物体，会给生态环境和人类健康带来潜在的威胁，因此水环境中PhACs的残留问题引起了世界的广泛关注。本书从 PhACs 的概念、来源及环境污染现状出发，系统地介绍了其分析检测方法，阐述了其在污水处理系统和河流水体中的赋存特征、迁移转化及环境归趋，并对其潜在风险进行了评估，阐述了 PhACs 的控制技术，并提出了 PhACs 污染源控制对策。

本书注重先进方法的理论性与应用性相结合，科学性和可读性强，适用于环境科学与工程、给排水、市政工程等专业领域的科研人员及高校师生，也可供从事环境监测、环境分析、水资源管理等工作的技术人员参考。

图书在版编目（CIP）数据

新兴污染物的分析、迁移转化与控制技术：以药物活性化合物为例/段艳平，陈玲，代朝猛著. —北京：科学出版社，2017.11

（区域生态与环境过程系列丛书）

ISBN 978-7-03-054917-4

Ⅰ. ①新⋯　Ⅱ. ①段⋯②陈⋯③代⋯　Ⅲ. ①污水处理-技术方法　Ⅳ. ①X703.1

中国版本图书馆 CIP 数据核字（2017）第 257792 号

责任编辑：许　健　李丽娇/责任校对：王晓茜
责任印制：谭宏宇/封面设计：殷靓

科 学 出 版 社 出版

北京东黄城根北街 16 号
邮政编码：100717
http://www.sciencep.com

虎彩印艺股份有限公司印刷
科学出版社发行　各地新华书店经销

*

2017 年 11 月第 一 版　开本：B5（720×1000）
2018 年 10 月第二次印刷　印张：12 1/2
字数：251 000

定价：75.00 元

（如有印装质量问题，我社负责调换）

序

　　十八大以来，党中央高度重视生态文明建设。中共十八届五中全会强调，实现"十三五"时期发展目标，破解发展难题，厚植发展优势，必须牢固树立并切实贯彻创新、协调、绿色、开放、共享的发展理念。同时提出：坚持绿色发展，必须坚持可持续发展，推进美丽中国建设，为全球生态安全做出新贡献。构建科学合理的城市化格局、农业发展格局、生态安全格局、自然岸线格局，推动建立绿色低碳循环发展产业体系。推动低碳循环发展，建设清洁低碳、安全高效的现代能源体系，实施近零碳排放区示范工程。加大环境治理力度，深入实施大气、水、土壤污染防治行动计划，实行省以下环保机构监测监察执法垂直管理制度。筑牢生态安全屏障，坚持保护优先、自然恢复为主，实施山水林田湖生态保护和修复工程，开展大规模国土绿化行动，完善天然林保护制度，开展蓝色海湾整治行动。作为我国经济最发达、城市化速度最快的地区，长江三角洲（简称长三角）城市群也面临着快速城市化所带来的一系列环境问题。快速城市化的过程常伴随着土地覆被、景观格局的变化而改变了固有下垫面特征，在城市中形成了特有的局地气候，导致城市热岛及极端天气的频繁发生，严重危害人们的生命财产安全。此外，工业化过程所引起的大量化学物质的使用和排放更对区域生态环境造成了莫大的威胁。快速城市化过程中所出现的环境问题，其核心还是没有很好地尊重自然，没有协调人-地关系，没有把可持续发展作为区域发展的最核心问题来对待。因此，我们需要在可持续发展思想的指导下，进一步加强城市生态环境研究，以促进上海及长三角区域的可持续发展。

　　上海师范大学是上海市重点建设的高校，环境科学是上海师范大学重点发展的领域之一。1978 年，上海师范大学成立环境保护研究室，开展了长江三峡大坝环境影响评价、上海市 72 个工业小区环境调查、太湖流域环境本底调查和崇明东滩鸟类自然保护区生态环境调查等工作，拥有一批知名的环境保护研究专家。经过三十多年的发展，上海师范大学现在拥有环境工程本科专业、环境科学硕士点专业、环境科学博士点专业和环境科学博士后流动站，设立有杭州湾生态定位观测站等。2013 年，上海师范大学为了进一步加强城市生态环境研究，成立城市发展研究院。城市发展研究院将根据国家战略需求和上海社会经济发展要求，秉承"开放、流动、竞争、合作"原则，进一步凝练目标，整合上海师范大学学科优势，以前沿科学问题为导向，以社会需求和国家任务带动学科发展，构建创新型研究平台，开拓新的学科发展方向，建立国际一流的研究团队，加强国际科研合作，更好地为上海建设现代化国际大都市提供智力支撑。城市发展研究院将重点在城市遥感与环境模拟、城市生态与景观过程、城市生态经济耦合分析等领域开展研究工作。通过城市发展研究院的建立，充分发挥上海师范大学在地理、环境和生态等领域的学科优势，将学科发展与上海城市经济建设和社会发展紧密结合，进一步凝练学科专业优势和特色，通过集成多学科力量，提升上海师范大学在城市发展研究中的综合实力，力争使上海师范大学成为我国城市研究的重镇和政府决策咨询的智库。

区域生态与环境过程系列丛书集中展现了近年来城市发展研究院中青年科研人员的研究成果，既涵盖了城市污泥资源化的先进技术、新兴污染物的迁移转化机制及科学数据应用于地球科学的挑战，也透过中高分辨率遥感与卫星遥感降水数据，分析极端天气的变化趋势及变化区域，通过反演地表温度，揭示城市化过程中地表温度的时间维、空间维、分形维的格局特征，定量分析了地表温度与土地覆被、景观格局、降水和人口的相关关系。同时从环境变化和区域时空过程的视角，对城市环境系统的要素、结构、功能和协调度进行分析评价，探讨人类活动影响对区域生态安全的影响及其响应机制，促进区域环境的可持续发展。该系列丛书有助于我们对城市化过程中的区域生态、城市污泥资源化、新兴污染物的迁移转化、滑坡灾害防治、景观格局变化、科学数据共享、环境恢复力以及城市热岛效应等方面有更深入的认识，期望为政府及相关部门解决城市化过程中的生态环境问题和制定相关决策系统提供科学依据，为城市可持续发展提供基础性、前瞻性和战略性的理论及技术支撑。

上海师范大学城市发展研究院院长

院士

2016 年 6 月于上海

前　言

　　新兴污染物——药物活性化合物（pharmaceutically active compounds，PhACs）是当前环境领域的研究热点。环境中的 PhACs 主要来源于人类的使用和排泄，养殖、畜牧业及 PhACs 生产工厂的废物排放等。未被完全吸收、利用的药物或其代谢物将通过尿液、粪便排泄等途径进入城市污水，而污水处理厂（wastewater treatment plant，WWTP）现有处理技术不能对其进行有效去除，致使其随污水厂出水排放、径流及垃圾渗滤液的渗透和污泥的堆肥填埋等途径源源不断地进入环境水体，以 ng/L 至 μg/L 的痕量水平存在于环境介质中，给生态环境及人类健康造成危害。

　　作为药物生产大国，我国环境 PhACs 污染问题必然更为严峻。环境中 PhACs 的残留对环境保护提出新的挑战，迫切需要加强对环境中严重 PhACs 残留污染水平的调查，深入研究其迁移转化规律、生态与健康风险及污染控制技术等，以保障人类健康和生态安全。

　　目前环境 PhACs 污染物的监测虽然尚未列入环境监测部门的例行项目，但现有的科研结果或其他专项监测已经表明，我国环境中 PhACs 污染物的潜在威胁已不再是个例，而具有普遍性。PhACs 污染物具有环境损害效应，并因其痕量存在于环境介质中而可能产生生物癌性损害，但由于目前尚未建立起源、环境浓度与损害效应之间的因果关系，因此目前还不能将其列入日常环境管理监控的范畴。对于这些被称为新兴污染物的物质，我国现行的环境管理体系，能检测到其存在于环境中已有困难，再采用相应的控制技术将更加困难。因此，本书的内容将致力于在环境管理体系中拓展新的领域，该领域的首要任务是建立系统监控环境介质中 PhACs 污染物存在的能力，进而以迁移转化为背景延伸控制技术的研究。

　　本书是作者在总结多年研究成果的基础上撰写而成的，课题研究和本书的出版得到了国家自然科学基金项目（41601514）和上海高校高峰高原学科建设计划的资助。全书分五篇共 14 章，第一篇（第 1 章）介绍了 PhACs 的概念、环境污染来源和污染现状；第二篇（第 2～4 章）介绍了环境样品中 PhACs 的分析方法，包括分析流程、前处理方法和检测技术，并详述了分子印迹技术在 PhACs 环境分析中的应用；第三篇（第 5～7 章）分析了典型 PhACs 在城市污水处理厂各单元的降解机理和去除特性，阐述了河流水体中典型 PhACs 的赋存特征、迁移转化等环境行为，并利用 Level III逸度模型描述了典型 PhACs 的多介质归趋；第四篇（第 8、9 章）阐述了环境中 PhACs 的潜在风险，并运用环境风险评价的一般原理包括危害性确认、暴露量评估、风险评价、风险特征等，对河流水体中的典型 PhACs 的生态风险和健康风险进行了初步的评估；第五篇（第 10～14 章）阐述了臭氧和分子印迹技术在 PhACs 控制技术方面的应用，并提出了 PhACs 污染源控制技术与对策。段艳平博士对全书进行了统稿和清稿，陈玲教授和代朝猛副研究员对全书进行了审核和定稿。但愿本书的出版能有助于我国在相关领域科研水平的提高，并推动其在环境保护领域中的应用。

　　由于作者水平有限，书中不妥之处在所难免，恳请读者和专家批评指正。

作　者

2017 年 9 月

目　录

第一篇　环境中的 PhACs

第1章 PhACs 的环境污染概况

1.1 PhACs 的概念

新兴污染物——药物活性化合物（pharmaceutically active compounds，PhACs）是指人用药物和兽用药物的活性成分，涵盖多类理化性质、生物活性不同的化学品，粗略估计达 10000 多种，全球生产的原料药品已达 2000 多种，年产量接近 $2×10^6$ t。据估计，全球人用药物的年消费量是 100 000 t，对应的世界平均总消费量为 15 g/(人·年)。

药物是目前人类对抗疾病必不可少的一种武器。其中，许多药物除了广泛用于人们疾病的预防和治疗外，还大量应用于家禽饲养、水产养殖及食品加工等[1]，并极大地促进了这些行业的发展。但是，人们对各种药物缺乏足够的了解，导致在药物的使用过程中出现了很多问题，给人们的生活和健康带来了严重的隐患。药物在人体健康和畜牧业生产中起到了积极的作用，但是未被完全吸收、利用的药物或其代谢物将通过尿液、粪便排泄等途径进入水体，而污水处理厂现有处理技术不能对其进行有效去除。虽然药物在水体中的半衰期较短，但是其大量、频繁地使用，仍有可能形成"伪持久性"污染。近年来，在地表水、地下水、饮用水、污泥、土壤、水生物体内等环境介质中都有报道检测到不同浓度水平的药物，不但污染环境，而且破坏生态，其对生态环境和人类健康的影响已引起国际社会的广泛关注。欧美一些国家已经对水环境中药物污染途径、主要污染源、对生态系统的危害，以及污染控制、防治对策等方面做了逐步深入的研究。联合国环境规划署（UNEP）曾在"全球环境展望（GEO）：保护环境是为了发展"（GEO-4）报告中明确提出，必须考虑如止痛片和抗生素这类医药品对水生态系统的影响[2]。"全球环境展望"是联合国环境规划署最重要的评价项目及报告系列，从中足以看出药物已经成为环境中的一种新兴污染物而不能再被忽略。

1.2 PhACs 的环境污染现状

1.2.1 环境中 PhACs 的主要来源

环境中药物的来源主要包括以下几个方面。

（1）药物进入环境始于生产厂家，以固体废物或废水形式排放到环境中。制药过程中会产生大量的废水，这些废水为有毒难降解的高浓度废水，含有生产工艺产生的剩余中间产物、残留药物及有机溶剂等，在生化处理中对微生物的生长有强烈的抑制作用，经生化处理后，废水内残留的药物不能被完全降解，排放至环境中对环境造成一定的污染。废水处理后的污泥常常吸附有未降解的药物（或其代谢产物），因此也是不可忽视的污染源。药物生产过程中也会排放大量的废弃物（菌丝体），这些废弃物内含有丰富的营养物质及少量药物，如果不加处理随意排放，不但严重污染环境，也浪费了宝贵的资源。另外，过期药物的不合理处理（主要是作为固体垃圾排放），也会导致其进入水环境中[3]。Bound 和 Voulvouli[4]曾对此进行研究，受调查的 400 户英国家庭对未使用药物和过期药物的处置进行作答，结果表明有大约一半的受访者没有使用完他们的药物，并且这些人中有63.2%直接将未使用药物丢弃在了垃圾箱中，21.8%将未使用药物带回药房回收，11.5%将未使用药物丢弃在了水槽和厕所。在德国，据估计每年在医疗护理中要处置 16 000 t 药物，其中 60%～80%或者丢弃在了厕所，或者随家庭垃圾丢弃[5]。实际上，药物污染除集中在制药厂外，许多化工企业造成的污染也是值得关注的。目前许多化工企业，为了增加其产品的杀菌效果，在所生产的工业或家用清洁卫生用品（如洗涤剂、肥皂、洗澡液、清洁剂等）中加入了一定量的抗生素，使得抗生素污染的范围进一步扩大。

（2）人类使用的药物通过尿液和粪便的排泄进入原污水，居民住户和医院排出的这些废物，最终进入城市污水处理厂。处理过程中未去除的药物将进入环境水体或地下水。同时，暴雨泛滥和下水道系统渗漏也会导致药物直接进入天然水体。由于某些药物是通过污泥吸附从废水中去除，所以将污泥作为土壤肥料施用时也会导致药物进入环境，同时这些被吸附的药物在储存堆放过程中可能会渗滤到地下水中。此外，用处理后的废水灌溉耕地，若在通过土壤的过程中没有发生吸附或降解过程，其中含有的极性药物也会对地下水造成污染。例如，在地下水中就检测到卡马西平的浓度高达 610 ng/L[6]。假设药物及其残余在饮用水处理工艺中不能被有效地去除，那么人类对药物持续的摄取将是不可避免的事情，其中一个例子就是氯贝酸（脂肪调节剂的代谢产物）在柏林的自来水中检测到，其浓度为 10～165 ng/L[7]。由于这些物质难以降解，所以容易在污泥中积累。因此将剩余污泥用作肥料也是该类污染物进入环境的主要途径之一。

（3）固体废物采取焚烧的方式可完全去除其中的药物成分，然而固废填埋可能导致药物在填埋厂排水或渗滤液中重新出现，即使填埋场出水在污水处理厂进行处理，也仍会有所残留。

（4）农用药物造成的污染。农药并不是唯一的农用药物，农用药物还包括多种新兴的防治病虫害的药物，如农用抗生素。农用抗生素是微生物在新陈代谢过程中的自然产物和次生代谢产物，相关研究始于 20 世纪 50 年代[8]。近些年来，已开发了大量高效、低毒、低残留的农用抗生素，包括阿维菌素、井冈霉素、赤霉素、硫酸链霉素、多抗霉素、宁南霉素、中生菌素、华光霉素、浏阳霉素、阿司米星等，它们在农业防治病、虫、草害方面发挥了巨大作用[9]。现在世界各国除致力于寻找防治细菌性和真菌性植物病害的抗生素外，对抗病毒、抗衰老、杀虫甚至能除草的抗生素也很重视[10]。抗生素在农业生产上的作用毋庸置疑，但由于人们对抗生素功效的过度迷信及对农作物病虫害防治知识的不足，我国普遍存在着滥用农用抗生素的现象，使农用抗生素不可避免地进入水环境中。

（5）饲用药物污染非常普遍。目前药物主要是饲用抗生素，作为饲料添加剂使用时称为抗菌生长促进剂（antimicrobial growth promoter，AGP），自 20 世纪 50 年代以来被广泛用在畜禽养殖中。AGP 在使用时，动物本身并无明确的病症，目的也并不是治疗某种疾病，而是为促进动物的生长，提高畜禽生产效率。国内外使用饲用抗生素的现象非常普遍，总用量是惊人的。饲用药物的使用不仅会使抗生素通过食品直接进入食物链，而且还会随家畜的排泄物大量进入农田，被农作物吸收后间接进入食物链。而当药物进入农田时也会污染农田用水和农田土壤。

大部分药物极性强、难挥发，从而阻止了它们从水体环境中的逃逸，因而水环境成为药物类化合物的一个主要的储存“库”。随着药物长期源源不断地输入，水生生物将会遭受药物类物质的永久性暴露，部分具有生物积累性的物质还可能通过食物链传递。与此同时，地表水体和土壤、沉积物中的药物还有可能通过渗透作用与径流进入地下水，进而威胁到人类的饮用水环境。因此研究药物在各种环境包括河流、海洋、地下水、沉积物、水生动植物中的浓度水平、传递途径和行为、转化与代谢产物，对理解 PhACs 类物质的污染现状与可能造成的生态影响具有十分重要的意义。

1.2.2　环境中 PhACs 的赋存现状

作为一种新兴污染物，PhACs 越来越受到欧盟地区及美国、加拿大等一些国家的重视，特别是其中的药物更成了人们研究的热点。近几年来，在地表水、饮用水、地下水、污泥、土壤、水生生物体等环境介质中都有报道检测到不同水平的药物残留。

根据目前文献报道，在环境中检出频率较高的药物见表 1.1。其中抗生素类、雌激素类、消炎止痛药等不仅使用量大，而且环境中检出频率高。

表 1.1 环境中常见的 PhACs

物质	名称	CAS 编号	分子式	用途
碘普罗胺	Iopromide	73334-07-3	$C_{18}H_{24}I_3N_3O_8$	X 射线显影剂
罗红霉素	Roxithromycin	80214-83-1	$C_{41}H_{76}N_2O_{15}$	抗生素
环丙沙星	Ciprofloxacin	85721-33-1	$C_{17}H_{18}FN_3O_3$	抗生素
诺氟沙星	Norfloxacin	70458-96-7	$C_{16}H_{18}O_3N_3F$	抗生素
雌激素酮	Estrone	53-16-7	$C_{18}H_{22}O_2$	天然雌激素
17β-雌二醇	17β-estradiol	50-28-2	$C_{18}H_{24}O_2 \cdot 0.5H_2O$	天然雌激素
17α-乙炔基雌二醇	17α-ethinylestradiol	57-63-6	$C_{20}H_{24}O_2$	合成雌激素
布洛芬	Ibuprofen	15687-27-1	$C_{13}H_{18}O_2$	消炎止痛药
萘普生	Naproxen	22204-53-1	$C_{14}H_{14}O_3$	消炎止痛药
双氯芬酸	Diclofenac	15307-86-5	$C_{14}H_{13}O_2N$	消炎止痛药
三氯生	Triclosan	3380-34-5	$C_{12}H_7Cl_3O_2$	杀菌消毒剂
卡马西平	Carbamazepine	298-46-4	$C_{15}H_{12}N_2O$	抗癫痫剂
安定	Diazepam	439-14-5	$C_{16}H_{13}ClN_2O$	镇静剂
氯贝酸	Clofibric acid	882-0907	$C_{10}H_{11}ClO_3$	解热镇痛药
阿司匹林	Aspirin	50-78-2	$C_9H_8O_4$	解热镇痛药
酮洛芬	ketoprofen	22071-15-4	$C_{16}H_{14}O_3$	解热镇痛药

近几年来，国内水环境中也有关于 PhACs 残留的报道，但是大多是关于抗生素的研究。徐维海等[11]在珠江广州河段春季枯水期和夏季丰水期表层水中检测到多种抗生素，包括氧氟沙星、诺氟沙星、罗红霉素、红霉素、磺胺嘧啶、磺胺二甲嘧啶、磺胺甲噁唑、氯霉素等。刘玉春等[12]应用固相萃取 SPE 及 LC-MS/MS 技术，建立了水中痕量大环内酯类抗生素（即红霉素、脱水红霉素、罗红霉素）的分析方法，测得珠江广州河段某水样中红霉素、脱水红霉素和罗红霉素质量浓度分别为 164 ng/L、291 ng/L 和 134 ng/L。刘虹等[13]利用固相萃取-高效液相色谱法检测出水、沉积物和土壤中有氯霉素、土霉素、四环素和金霉素 4 种抗生素，浓度水平为 μg/L 或 μg/kg。谭建华等[14]利用固相萃取-高效液相色谱法对珠江广州河段的水体进行了分析，检测到磺胺甲唑、氧氟沙星、诺氟沙星及环丙沙星，质量浓度范围为 0.197~0.510 μg/L。叶计朋等[15]调查了 9 种典型抗生素类药物在珠江三角洲重要水体（珠江、维多利亚港、深圳河与深圳湾）中的污染特征。结果显示，珠江广州河段（枯季）和深圳河抗生素药物污染严重，最高含量达 1340 ng/L，地表水中大部分抗生素含量明显高于美国、欧洲等发达国家和地区河流中药物含量，红霉素（脱水）、磺胺甲噁唑等与国外污水中含量水平相当甚至更高。受深圳河污染的影响，深圳湾不同区域水体在一定程度上也受到抗生素药物污染，含量

在 10～100 ng/L。维多利亚港水体中，只有较低含量的喹诺酮和大环内酯类抗生素被检出。徐维海等[16]采用固相萃取-液相色谱/串联质谱（LC-MS/MS）法研究了 8 种常用抗生素（包括喹诺酮类、磺胺类、大环内酯类和氯霉素）在城市污水处理厂中的含量水平、去除特点及行为特征。结果显示，药物的检出率和含量水平均高于美国及欧洲的一些国家。氧氟沙星、诺氟沙星、红霉素（脱水）、罗红霉素和磺胺甲噁唑 5 种抗生素在 4 家污水处理厂（香港 2 家、广州 2 家）中都有检出，进水和出水中的含量范围分别为 16～1987 ng/L 和 16～2054 ng/L，其他 3 种抗生素仅在某些污水处理厂中有检出。姜蕾等[17]采用高效液相色谱-串联质谱法，对城市生活污水、养猪场和甲鱼养殖场废水进行抗生素污染检测。污水处理厂污水中检出磺胺二甲嘧啶、磺胺甲氧嘧啶和磺胺甲噁唑 3 种磺胺类抗生素，浓度都低于 5.0 μg/L。养猪场废水中检出磺胺甲噁唑、磺胺对甲氧嘧啶、磺胺嘧啶、磺胺二甲嘧啶和磺胺氯哒嗪 5 种磺胺类抗生素（<5.0 μg/L），以及四环素类的四环素、土霉素和多西环素，浓度范围为 30.05～100.75 μg/L。甲鱼养殖场废水中检测了氯霉素、甲砜霉素和氟甲砜霉素 3 种氯霉素抗生素，浓度均低于检测下限 0.1 μg/L。常红等[18]调查了中国北京 6 个主要污水处理厂中磺胺类抗生素的浓度水平，检出了磺胺甲基异唑、磺胺吡啶、磺胺甲基嘧啶、磺胺嘧啶和磺胺甲二唑 5 个目标抗生素，其在进水中的平均浓度水平分别为（1.20±0.45）μg/L、（0.29±0.25）μg/L、（0.048±0.012）μg/L、（0.35±0.52）μg/L 和（0.33±0.21）μg/L，出水中分别为（1.40±0.74）μg/L、（0.22±0.19）μg/L、（0.021±0.008）μg/L、（0.22±0.21）μg/L 和（0.01±0）μg/L。其中，磺胺甲基异唑、磺胺吡啶、磺胺甲基嘧啶等在所有样品中全部检出，以磺胺甲基异噁唑的平均浓度水平最高，且除了磺胺甲二唑，其他抗生素在进出水中的浓度水平相仿。磺胺甲二唑在出水中仅被检出一次，而磺胺甲基嘧啶则是首次在污水处理厂中被检测出来。

1.3　水环境中的酸性药物

虽然药物的半衰期不是很长，但是由于个人和畜牧业大量而频繁的使用，导致药物形成"伪持续性现象"[19]。大多数药物是水溶性的，根据药物所带的酸性、碱性或中性官能团[20-22]，可把药物分为酸性药物、中性药物和碱性药物。根据目前文献报道，检出频率高的酸性药物组分主要包括非甾体抗炎药（non-steroidal anti-inflammatory drugs，NSAIDs）和脂肪调节剂（blood lipid regulators，BLRs）。NSAIDs 类药物主要包括阿司匹林、布洛芬、萘普生、双氯芬酸、酮洛芬、苯扎贝特等，该类药物具有抗炎、抗风湿、止痛、退热和抗凝血等作用，在临床上广泛用于骨关节炎、类风湿性关节炎、多种发热和各种疼痛症状的缓解。脂肪调节剂主要包括氯贝酸（也是氯贝丁酯等药物的降解产物）、氯贝丁酯等，该类药物能抑制胆固醇和甘油三酯的合成，促进胆固醇的排泄，减低血液黏度、降低血浆纤维蛋白原含量、抗血栓的作用。

1.3.1　酸性药物在国内外的使用情况

酸性药物的大量使用是导致水环境中这些药物大量存在的根本原因。据统计，全球大约每天 3000 万人在使用 NSA1Ds。我国 NSA2Ds 的销售量仅次于抗生素，双氯芬酸在上海约占 1/3 份额，在北京约占 20%，在广州约占 10%，均远高于其他同类品种[23]。布洛芬在欧美的销售量平均为 2%～4%，速度递增。在南亚次大陆，增长达 10%左右。由于毒性低、疗效好，布洛芬称为目前世界第三大消费药品[24]，被收入美国、英国、日本和我国等多国药典。目前，我国双氯芬酸和布洛芬年产量超过 1000 t，萘普生年产量约 300 t，酮洛芬年产量约 95 t。

本章选取 5 种常见的酸性药物（理化参数详见表 1.2），包括非甾体抗炎药类中的布洛芬、萘普生、双氯芬酸、酮洛芬和一种脂肪调节剂氯贝酸，作为目标药物，其在我们日常生活中均有使用，且大部分为非处方药。

表 1.2　5 种酸性药物的主要理化参数[25]

理化参数	氯贝酸	双氯芬酸	布洛芬	酮洛芬	萘普生
亨利常数/[（atm·m^3）/mol]	2.19×10^{-8}	4.73×10^{-12}	1.5×10^{-7}	2.12×10^{-11}	3.39×10^{-10}
辛醇/水分配系数（lgK_{ow}）	2.57	4.51	4.13～4.91	3.12～3.16	3.18～3.24
pK_a	—	4.15	4.91	4.45	4.15
降解速率常数/d^{-1}	<0.01	0.088±0.012	0.022±0.003	n.d.^{a}	0.051±0.002
半衰期/d	>63	8	32	n.d.	14
沉积速率常数/d^{-1}	<0.001	0.005	0.005～0.01	<0.001	<0.001
间接光降解速率常数/d^{-1}	<0.001	<0.001	<0.001	<0.001	<0.001

a. n. d. 表示无数据。

（1）双氯芬酸（diclofenac）也称为双氯灭痛，具有抗炎、镇痛及解热的作用，一直占据非甾体抗炎药市场的首要位置[26]。主要用于缓解风湿性关节炎、粘连性脊椎炎、非炎性关节痛、关节炎、非关节性风湿病、非关节性炎症引起的疼痛、各种神经痛、癌症疼痛、创伤后疼痛及各种炎症所致发热等。但其对于某些动物来说，有毒害作用，如秃鹫。双氯芬酸最早于 1964 年由萨尔曼等合成，1990 年雷诺等揭示了双氯芬酸的药理作用。目前双氯芬酸已成为全球最畅销的解热镇痛消炎药物之一，市场上出售的含有双氯芬酸常用的药物包括双氯芬酸钠、双氯灭痛、服他灵、阿米雷尔、迪弗纳、奥尔芬、奥湿克、扶他林、凯芙兰、诺福丁、天新利德、英太青胶囊等，全球每年使用量达几千吨，居全球药品消费额第 9 位，近几年还呈增长态势[27, 28]。我国于 1984 年由广州医药工业研究所成功研制开发双氯芬酸至今，现已有几十家企业生产双氯芬酸原料药，分布全国各个省市。

（2）萘普生（naproxen）也称为消痛灵，具有抗炎、解热、镇痛作用。对于类风湿性关节炎、骨关节炎、强直性脊椎炎、痛风、运动系统（如关节、肌肉及腱）的慢性变性疾病及轻、中度疼痛（如痛经）等，均有肯定疗效。萘普生最早由 Harrison 等于 1968 年合成，美国辛迪斯制药公司首先获得专利权并投入工业化生产。目前全世界有 30 多家企业生产，生产能力已达到 3000 t，主要包括墨西哥的 Signa 公司（500 t 生产能力）、意大利 PFC 公司（800 t 生产能力）、美国亚宝公司（500 t 生产能力）。目前市面上出售的还有萘普生的常见药物，包括萘普生缓释片、奈普生缓释胶囊、萘普生钠片、萘普生注射液、萘普生肠溶微丸胶囊等。我国萘普生的生产量较少，生产企业主要分布于浙江、上海等地。

（3）布洛芬（ibuprofen）也称为芬必得，具有抗炎、镇痛、解热作用，适用于治疗风湿性关节炎、类风湿性关节炎、骨关节炎、强直性脊椎炎和神经炎等轻到中度的偏头痛发作期的治疗和奋力性与月经性头痛的治疗。布洛芬产品售价低廉，是迄今 11 种非甾体抗炎镇痛药中毒副作用较小的品种。目前市面上出售的含有布洛芬的常用药物包括布洛芬缓释胶囊、芬必得、布洛芬混悬液、布洛芬片等，由于其在治疗缓解关节疼痛方面有良好作用，因此大量地为人们所使用。据统计，布洛芬全球年生产量几千吨，在全球人类常用药品中位居第三[24]。

（4）酮洛芬（ketoprofen）也称为右酮洛芬，用于各种关节炎（如类风湿性关节炎、风湿性关节炎、骨关节炎、关节强硬性脊椎炎）、痛风等关节痛、肿及其他疼痛（如痛经、牙痛、手术后疼痛等）。目前市面上出售的含有酮洛芬的常用药物包括酮洛芬肠溶胶囊、酮洛芬缓释胶囊、酮洛芬凝胶、酮洛芬胶囊、酮洛芬贴剂等非处方药。目前我国生产酮洛芬的企业主要为湖北省武穴市迅达药业有限公司，其酮洛芬年产量可达 150 t。

（5）氯贝酸（clofibric acid）主要用于调节血脂及抗动脉硬化。目前市面上出售的含有氯贝酸的常用药物均为非处方药，包括复方毛冬青氯贝酸铝片、心脉宁、氯贝酸铝等。据研究人员估算，荷兰北海中含有氯贝酸 48～96 t，而且每年有 50～100 t 的氯贝酸被排入其中[27]。

1.3.2　酸性药物在水环境中的赋存状况

目前一些典型酸性药物已经在不同国家的污水厂进出水、地表水、地下水甚至饮用水等水体中检测到，浓度水平在 ng/L～μg/L 之间。表 1.3 列出了部分地区和国家地表水、污水厂进出水和地表水中的布洛芬、酮洛芬、双氯芬酸、萘普生和氯贝酸的浓度水平。

表 1.3　部分国家和地区典型酸性药物的浓度水平

药物	地表水	污水厂进水	污水厂出水	国家
双氯芬酸	0.02~0.15	—	0.1~0.7	瑞士[29]
	—	—	0.25~5.45	法国、意大利、瑞典[30]
	0.001~0.37	0.47~1.9	0.31~0.93	瑞士[31]
	nd[a]~1.03	3.02	2.51	德国[32]
	—	0.105~4.11	0.035~1.95	法国[33]
	0.272	2.33	1.561	德国[34,35]
	—	2.59	1.97	韩国[36]
	0.15	3.5	0.81	德国[37]
	0.22	3.1	1.5	澳大利亚[37]
	0.02~0.15	1.4	0.95	瑞士[37]
	0.001~0.069	—	—	德国[38]
	nd~0.717	—	—	中国[39]
布洛芬	0.01~0.4	—	0.1~1.5	瑞士[30]
	—	—	0.02~7.11	法国、意大利、瑞典[30]
	—	—	0.061~0.115	罗马尼亚[40]
	nd~0.201	0.17~8.35	0.002~9.5	意大利、法国[33,41]
	0.05~0.28	5.53	0.05~3.35	德国[35]
	0.002~0.146	0.03	0.07	德国、韩国[36]
	0.0024~0.42	—	—	中国[39]
萘普生	0.022~0.107	—	—	美国[42]
	0.01~0.4	—	0.1~3.5	瑞士[29]
	0.001~0.032	—	0.29~5.22	德国、法国、意大利、瑞典[30,38]
	nd~0.037	1.79~611	0.17~33.9	法国、意大利、美国[42]
	nd	0.732	0.261	德国[35]
	nd~0.041	—	—	中国[39]
酮洛芬	nd~0.005	—	nd~0.2	瑞士[29]
	nd~0.007	0.08~5.7	0.04~1.62	意大利、法国[41]
	0.329	0.321	0.141~1.62	德国、法国、意大利、瑞典[30,35]
氯贝酸	—	0.2~0.25	0.1~0.25	瑞士[29]
	—	0.028	0.014	日本[43]
	0.01		0.03~0.08	英国、美国[42]
	—		0.016~3.3	德国[32]
	nd~0.083	—	—	中国[39]

a. nd 表示未检出。

1. 污水处理厂进出水

污水处理厂是生活污水的处理场所，国内外的污水处理厂进出水中都检测到了酸性药物。德国科学家在调查污水处理中的 18 种药物时，在进出水中分别检出了消炎药萘普生和布洛芬，二者在进水中的浓度分别高达 312 μg/L 和 119 μg/L[44]。Zorita 等调查了瑞典的 5 家污水处理厂原水中药物的含量水平，检测到布洛芬浓度为 47.5～6900 ng/L，萘普生浓度为 290～4900 ng/L，双氯芬酸浓度为 100～49 ng/L，氯贝酸浓度为 21.5～53.5 ng/L[45]。Santos 等在芬兰污水处理厂进水中检测到浓度为 1.1～2.3 μg/L 的酮洛芬[46]。在西班牙的一个污水处理厂进水中检测到双氯芬酸浓度为 0.4～1.5 μg/L[47]。

2. 地表水

许多国家（如瑞士、德国、法国、瑞典、芬兰、美国）已经广泛报道了地表水体(主要是河流)中酸性药物浓度水平。Calamari 等沿着意大利的 Po 河和 Lambro 河的八个取样点都检测到了酮洛芬[48]。Wiegel 等在 Elbe River 中检测到双氯酚、布洛芬和调脂剂氯贝酸等，浓度范围为 20～140 ng/L[38]。Bendz 等在瑞典的 HöjeRiver 中检测到布洛芬、萘普生、双氯酚等，浓度范围为 0.12～2.2 μg/L[49]。Moldovan 等在罗马尼亚的 Somes River 中检测到了 15 种化合物，包括抗癫痫药、止痛剂、抗菌剂和细胞生长抑制剂，浓度范围为 30～10.0 μg/L[40]。其中布洛芬等的浓度为 100～300 ng/L，阿司匹林的浓度低于 100 ng/L。在英国南威尔士地区两条河流的调查中，从 56 种药物中频繁检出了萘普生、布洛芬和双氯芬酸，其中部分物质（如双氯芬酸等）持久存在于水环境中。研究同时表明污水厂出水排放是河道中这些药物的主要来源，其浓度水平则取决于雨量对河水的稀释倍数[50]。在欧洲远离点源的地表水中发现了脂肪调节因子氯贝酸，它的浓度达到 10 ng/L[31]。在加拿大大湖区域也发现了低浓度的氯贝酸和酮洛芬[51]。在英国水中检测到 8 种药物，其中布洛芬的浓度达到 5.0 μg/L[52]。我国广州珠江三角洲地带河水中普遍检出了消炎药布洛芬及脂肪调节剂氯贝酸，最高浓度分别达到 1417 ng/L 和 248 ng/L[53]。在我国黄河、海河和辽河等水体中也检测到了布洛芬、萘普生、酮洛芬、氯贝酸和双氯芬酸[39]。

3. 饮用水

饮用水中药物的浓度较低，但是随着检测技术的进步，对其的研究越来越多。Heberer 等对柏林地区的 40 个饮用水水样进行了检测，发现水样中含有氯贝酸，最高含量为 270 ng/L[54]。Jux 等对联邦德国及附近地区河流、池塘、自来水中的氯贝酸、双氯芬酸、布洛芬等消炎止痛药等进行了检测。研究发现，27

个水样中有 10 个检测到了双氯芬酸，含量最高可达 15.0 μg/L[55]。Reddersen 等在饮用水水样中发现了消炎止痛剂，含量为 400 ng/L[56]。另外，在意大利、美国、英国和加拿大等国家的饮用水中也检测到了多种药物，如双氯芬酸（6 ng/L）和布洛芬（3 ng/L）等[57]。2008 年 3 月 10 日，美联社报道称，美国 24 个主要大城市的生活饮用水中含有多种药物成分，包括抗生素、消炎药、镇痛解热药、抗痉挛类药物、镇静剂及性激素等，至少 4100 万人在日常生活中饮用这种存在安全隐患的水。

4. 地下水、污泥、土壤

药物可以通过垃圾填埋场的渗滤作用进入地下水和土壤，污水处理厂的污泥和动物粪便用于农田施肥也会导致药物在土壤中残留。目前关于地下水、污泥和土壤中药物的研究较少。Kim 等在韩国地下水中频繁地检测到布洛芬、萘普生，其中布洛芬的浓度最高[58]。

1.3.3　环境中酸性药物的迁移转化规律

各种药物的理化性质、分子结构、代谢途径及使用剂量不尽相同，在水环境中的迁移转化也有很大差别。释放到环境中的药物除与水体混合发生水解外，还会经历光解、吸附、生物降解和生物富集等过程。这些过程直接影响着药物在水环境中的存在状态及其生态和毒理效应。探讨其在水环境中的分配、归趋等迁移转化行为规律，揭示其在水生生态环境的变异规律，可以为生态风险评价及建立其在水环境中的迁移转化模型提供可靠的依据。

1. 生物降解、转化

药物大多可以通过生物降解或转化作用而去除，但是有些药物可以降解产生各种活性成分，而有些则非常不易降解。药物本身的理化性质、环境 pH、温度等条件会影响其生物降解速度。

污水处理厂中双氯芬酸的去除率非常低，去除率大约是 14%，通常在地表水中检测到的双氯芬酸浓度可以达到 1 μg/L，在地下水和饮用水中的浓度为 ng/L 级[59]。化合物的生物转化可以用准一级动力学方程来表示[60]：

$$\frac{dC}{dt} = \frac{C_{t+dt} - C_t}{dt} = -k_{生物} \cdot X_{SS} \cdot S \qquad (1.1)$$

式中，C 为化合物总浓度，μg/L；t 为时间，d；$k_{生物}$ 为反应速率常数，L/(gSS·d)；X_{SS} 为反应器内悬浮污泥浓度，gSS/L；S 为溶解性化合物浓度，μg/L。

"一级"涉及转化速率与物质浓度 S 成正比。"准"涉及速率与污泥浓度 X_{SS} 成正比，污泥浓度则期望在长时间的观测下设为常数。

一般情况下对生物降解较慢的化合物，其 $k_{生物}$ < 2.5 L/(gSS·d)。Ternes 等对完整规模的传统活性污泥工艺（CAS）和小试范围的膜生物反应器（MBR）的一系列实验进行了观察，双氯芬酸的生物降解速率常数 $k_{生物}$ ≤ 0.1 L/(gSS·d)，由此证明双氯芬酸非常难以生物降解[61]。Carballa 等的研究表明，布洛芬的生物氧化去除率高达 70% 以上[62]。Hijosa-Valsero 等评估了 9 个月时间里包括布洛芬在内的 10 种药物在中型试验生态系规模 7 个人工湿地中的去除能力[63]。对布洛芬对映体的检测分析表明，布洛芬的去除占主导地位的是好氧微生物降解途径。季节变化也会影响到污水处理厂的去除效率。芬兰的研究人员在对 5 种 PhACs（布洛芬、萘普生、酮洛芬、双氯芬酸和苯扎贝特）的调查中发现，虽然冬天目标物质在进水中的浓度比其他季节低，但是由于药物的去除率低于春天和夏天，平均下降了 25%，结果导致冬天出水中药物浓度反而更高。这可能是因为冬天气温低（约 7℃），微生物活性降低，从而减弱了对药物的降解和吸附能力。此外，由于硝化细菌的减少导致硝化过程在 STP 中往往不能正常进行，从而影响到药物的降解[64]，因此寒冷季节可能更容易导致环境水体中药物的污染风险。Musson 等评估了产甲烷细菌对该 6 种开处方频率高的药剂的厌氧降解潜能，实验表明布洛芬是继阿司匹林、酒石酸、美托洛尔、对乙酰氨基酚之后第 5 个被产甲烷细菌降解的药剂[65]。已有研究表明，真菌、放线菌和细菌均可降解布洛芬。真菌 *Verticilliumlecanii* 能使布洛芬羟基化[66]。放线菌 *Nocardia* sp. 能够利用 250 μg/L 布洛芬为唯一碳源生长[67]；鞘氨醇单胞菌属菌株 Ibu-2 能够利用 500 mg/L 布洛芬为唯一碳源和能源，且降解布洛芬时去除布洛芬羧酸基侧链先于苯环裂解[68]。Tauxe-wuersh 等研究了瑞士三个污水处理厂连续运行 4～7 天时，五种酸性药物甲芬那酸、布洛芬、酮洛芬、双氯芬酸、氯贝酸存在和去除的情况。研究表明在城市污水处理厂的出水中仍然有这五种药物存在。所有污水处理厂中甲芬那酸的去除率只有 50%，其中一个污水处理厂中布洛芬去除率最高，达到 80%，同时研究表明布洛芬去除率的决定性因素是水力停留时间。研究还指出，在雨季时，布洛芬和酮洛芬的去除率明显下降。出水中，布洛芬、甲芬那酸、双氯芬酸的浓度相对较高（150～2000 ng/L），对地表水造成污染的可能性较大。其中甲芬那酸的危害最大，以后依次为布洛芬、氯贝酸、双氯芬酸、酮洛芬[69]。氯贝酸、双氯芬酸在各处理单元含量几乎没有变化，说明其很难在污水处理厂内降解；布洛芬在经初沉池后含量基本保持不变，进入生物反应池的部分，去除率约为 27%，但物理化学处理单元并不能降低其浓度，说明这些工艺对该物质是无效的；酮洛芬在该污水厂的总去除率约为 19%，其中初沉池去除率为 4%，生物反应池的去除率为

8%，物理化学处理单元的去除率为 20%[69]。

2. 吸附

进入污水处理厂的药物组分，有很大一部分被吸附在污泥中，没有被生物降解。如果污泥用作农田肥料，就会污染土壤。土壤中的药物由于渗滤作用会进一步污染地下水。Golet 等[70]认为水处理系统中的污泥停留时间一般在几天到三十天，比许多药物的半衰期要短。药物被吸附在污泥中的程度取决于化合物的固-液分配系数 K_d。固-液分配系数越大，药物越易被污泥吸附。各类药物的物化性质各异，底泥、黏土、土壤和活性污泥等对它们的吸附也各不相同。药物在沉积物中的吸附作用除了与有机物自身性质、沉积物中有机质的结构、性质相关外，还受到温度、pH、离子强度、共存物质、表面活性剂等因素的影响。Ternes 等对粉末活性炭对酸性药物双氯芬酸和氯贝酸进行了研究，发现它们都满足 Freundlich 吸附公式 $q=Kc^n$，并有较大的吸附容量。但是随着溶剂的改变，其等温常数 K、n 有较大的变化。采用颗粒状活性炭进行现场吸附实验，发现活性炭对药物的吸附容量是：氯贝酸＞双氯酚酸，且具有很好的去除效果[71]。研究表明，双氯芬酸在初沉和二沉池污泥的固-液分离系数 K_d，一级污泥 $K_d=$（0.46±0.03）L/gSS，二级污泥 $K_d=$（0.016±0.003）L/gSS[72]。当城市污水处理系统中化合物的 K_d 值≤0.33 L/gSS 时，通过吸附达到去除的效果是微乎其微的。双氯芬酸在初沉池和二沉池中的 K_d 值差别很大，即便是在初沉池中 K_d 值也相对偏小，因此废水处理中的吸附作用不能有效去除双氯芬酸[59]。

3. 光解

天然水体中的药物及其代谢物可以通过光解转化为其他物质，毒性也会发生相应变化。在天然水体中，由于污染物自身吸收太阳光，或由于腐殖质、悬浮颗粒和藻类的催化作用而发生光解。光解过程分为直接光解、敏化光解、氧化反应，是污染物重要的分解过程，它不可逆地改变了反应分子，直接影响其在环境中的归趋。目前有关地表水中酸性药物的迁移转化的报道不多见，Tusnelda 等对地表水中双氯芬酸的光解性质进行了研究。研究表明，药物的光解在很大程度上受到水体组成、药物的初始浓度影响，同时存在的其他药物及有机化合物的影响。不同药物光解的速度是不同的[73]。Andreozzi 等对双氯芬酸的光解性质进行了研究。研究表明，双氯芬酸的光解速度比较快，其半衰期是 5 d[30]。Bartels 证实双氯芬酸在 100 cm 深的清澈水中，强光照射 16 h 后可以全部降解；在紫外光（UV）作用下很快降解为 2-氯苯氨，2,6-二氯苯酚及 2,6-二氯苯氨三种副产物[74]。研究表明 UV/H₂O₂对双氯芬酸有很好的去除效果，而且 UV 在 TiO₂ 等光催化剂的协同下也能提高上述物质的去除率。另外，水中的天然有机物（NOM）、溶解氧、pH 和离子强度等都会对光降解产生影响。研究表明，布洛芬在湖水中的半衰期是 20 d，在灭菌后的湖水中相当稳定，即便暴露于日光 37 d，也未检测到降解发生。对瑞士贫营养湖水中布洛芬持续性存在的研究结果表明，其半衰期达 32 d[25]。

4. 生物富集

水环境中的药物可以通过食物链富集在生物体内，对人类造成潜在的危害。不同药物在不同生物体内具有不同的富集系数，即使在同一生物体不同器官中富集系数也有很大差别。Oaks 等研究了双氯芬酸在肉食性动物秃鹰体内的富集[75]；Schwaiger 等对双氯芬酸在鱼器官中的富集做了研究，结果表明双氯芬酸在鱼肝脏中的富集系数为 10～2700，而在鱼肾脏中的富集系数为 5～1000[76]。

参 考 文 献

[1]　Ternes T A. Occurrence of drugs in German sewage treatment plants and rivers. Water Research，1998，32（11）：3245-3260.

[2]　Carvalho I T，Santos L. Antibiotics in the aquatic environments：A review of the European scenario. Environment International，2016，94：736-757.

[3]　Bound J P，Kitsou K，Voulvoulis N. Household disposal of pharmaceuticals and perception of risk to the environment. Environmental Toxicology and Pharmacology，2006，21（3）：301-307.

[4]　Bound J P，Voulvoulis N. Household disposal of pharmaceuticals as a pathway for aquatic contamination in the United Kingdom. Environmental Health Perspect，2005，113（12）：1705-1711.

[5]　Scheytt T J，Mersmann P，Heberer T. Mobility of pharmaceuticals carbamazepine，diclofenac，ibuprofen，and propyphenazone in miscible-displacement experiments. Journal of Contaminant Hydrology，2006，83（1-2）：53-69.

[6]　Drewes J E，Heberer T，Reddersen K. Fate of pharmaceuticals during indirect potable reuse. Water Science and Technology，2002，46（3）：73-80.

[7]　Stan H J，Heberer T，Linkerhäner M. Occurrence of clofibric acid in the aquatic system-is the use in human medical care the source of the contamination of surface ground and drinking water? Vom Wasse，1994，83：57-68.

[8]　朱昌雄，宋渊. 我国农用抗生素的现状与发展趋势探讨. 中国农业科技导报，2006，8（6）：17-19.

[9]　张谨华，郭生金，李洪燕，等. 新型农用杀菌剂的研究. 山西科技，2008，3：112-113.

[10]　阎克敏，任胤晓. 动物滥用抗生素的危害与对策. 中国动物检疫，2008，25（2）：19-20.

[11]　徐维海，张干，邹世春，等. 香港维多利亚港和珠江广州河段水体中抗生素的含量特征及其季节变化. 环境科学，2006，27（12）：232-233.

[12]　刘玉春，徐维海，余莉莉，等. 固相萃取液相色谱-质谱/质谱联用测定地表水中大环内酯类抗生素. 分析测试学报，2006，25（2）：1-5.

[13]　刘虹，张国平，刘丛强. 固相萃取-色谱测定水、沉积物及土壤中氯霉素和 3 种四环素类抗生素. 分析化学，2007，35（3）：315-319.

[14]　谭建华，唐才明，余以义，等. 高效液相色谱法同时分析城市地表水中的多种抗生素色谱，2007，25（4）：546-549.

[15] 叶计朋, 邹世春, 张干, 等. 典型抗生素类药物在珠江三角洲水体中的污染特征. 生态环境, 2007, 16（2）: 384-388.

[16] 徐维海, 张干, 邹世春, 等. 典型抗生素类药物在城市污水处理厂中的含量水平及其行为特征. 环境科学, 2007, 28（8）: 1779-1783.

[17] 姜蕾, 陈书怡, 杨蓉, 等. 长江三角洲地区典型废水中抗生素的初步分析. 环境化学, 2008, 27（3）: 371-374.

[18] 常红, 胡建英, 王乐征, 等. 城市污水处理厂中磺胺类抗生素的调查研究. 科学通报, 2008, 53（2）: 159-164.

[19] Richardson B J, Lam P K S, Martin M. Emerging chemicals of concern: Pharmaceuticals and personal care products （PPCPs） in Asia, with particular reference to Southern China. Marine Pollution Bulletin, 2005, 50（9）: 913-920.

[20] Stumpf M, Ternes T A, Wilken R D, et al. Polar drug residues in sewage and natural waters in the state of Rio de Janeiro, Brazil. The Science of the Total Environment, 1999, 225（1-2）: 135-141.

[21] Loffler D, Ternes T A. Determination of acidic pharmaceuticals, antibiotics and ivermectin in river sediment using liquid chromatography-tandem mass spectrometry. Journal of Chromatography A, 2003, 1021（1-2）: 133-144.

[22] Vieno N M, Tuhkanen T, Kronberg L. Analysis of neutral and basic pharmaceuticals in sewage treatment plants and in recipient rivers using solid phase extraction and liquid chromatography-tandem mass spectrometry detection. Journal of Chromatography A, 2006, 1134（1-2）: 101-111.

[23] Ladas S D, Satake Y, Mostafa I, et al. Sedation practices for gastrointestinal endoscopy in Europe, North America, Asia, Africa and Australia. Digestion, 2010, 82: 74-76.

[24] Buser H R, Poiger T, Müller M D. Occurrence and environmental behavior of the chiral pharmaceutical drug ibuprofen in surface waters and in wastewater. Environmental Science and Technology, 1999, 33（15）: 2529-2535.

[25] Tixier C, Singer H P, Oellers S, et al. Occurrence and fate of carbamazepine, clofibric acid, diclofenac, ibuprofen, ketoprofen, and naproxen in surface waters. Environmental Science and Technology, 2003, 37（6）: 1061-1068.

[26] 张伦. 双氯芬酸市场浅析. 中国药房, 2004, 15（7）: 394-396.

[27] Letzel M, Metzner G, Letzel T. Exposure assessment of the pharma ceutical difclofenac based on long-term measurements of the aquatic input. Environment International, 2009, 35（2）: 363-368.

[28] 宾驰. 双氯芬酸制剂研究进展. 现代中西医结合杂志, 2010, 19（23）: 2983-2985.

[29] Öllers S, Singer H P, Fässler P, et al. Simultaneous quantification of neutral and acidic pharmaceuticals and pesticides at the low-ng/l level in surface and waste water. Journal of Chromatography A, 2001, 911（2）: 225-234.

[30] Andreozzi R, Raffaele M, Nicklas P. Pharmaceuticals in STP effluents and their solar photodegradation in aquatic environment. Chemosphere, 2003, 50（10）: 1319-1330.

[31] Buser H R, Poiger T, Müller M D. Occurrence and fate of the pharmaceutical drug diclofenac in surface waters: Rapid photodegradation in a lake. Environmental Science and Technology, 1998, 32（22）: 3449-3456.

[32] Heberer T. Occurrence, fate, and removal of pharmaceutical residues in the aquatic environment: A review of recent research data. Toxicology Letters, 2002, 131（1-2）: 5-17.

[33] Miège C, Choubert J M, Ribeiro L, et al. Fate of pharmaceuticals and personal care products in wastewater treatment plants-conception of a database and first results. Environmental Pollution, 2009, 157（5）: 1721-1726.

[34] Zwiener C, Frimmel F H. Oxidative treatment of pharmaceuticals in water. Water Research, 2000, 34（6）: 1881-1885.

[35] Quintana J B, Weiss S, Reemtsma T. Pathways and metabolites of microbial degradation of selected acidic pharmaceutical and their occurrence in municipal wastewater treated by a membrane bioreactor. Water Research, 2005, 39（12）: 2654-2664.

[36]　Henschel K P, Wenzel A, Diedrich M, et al. Environmental hazard assessment of pharmaceuticals. Regulatory Toxicology and Pharmacology, 1997, 25 (3): 220-225.

[37]　Ziylan A, Ince N H. The occurrence and fate of anti-inflammatory and analgesic pharmaceuticals in sewage and fresh water: Treatability by conventional and non-conventional processes. Journal of Hazardous Materials, 2011, 187(1-3): 24-36.

[38]　Wiegel S, Aulinger A, Brockmeyer R, et al. Pharmaceuticals in the river Elbe and its tributaries. Chemosphere, 2004, 57 (2): 107-126.

[39]　Wang L, Ying G G, Zhao J L, et al. Occurrence and risk assessment of acidic pharmaceuticals in the Yellow River, Hai River and Liao River of north China. Science of the Total Environment 2010, 408 (16): 3139-3147.

[40]　Moldovan Z. Occurrences of pharmaceutical and personal care products as micropollutants in rivers from Romania. Chemosphere, 2006, 64 (11): 1808-1817.

[41]　Marchese S, Perret D, Gentili A, et al. Determination of non-steroidal anti-inflammatory drugs in surface water and wastewater by liquid chromatography-tandem mass spectrometry. Chromatographia, 2003, 58 (5): 263-269.

[42]　Boyd G R, Reemtsma H, Grimm D A, et al. Pharmaceuticals and personal care products (PPCPs) in surface and treated waters of Louisiana, USA and Ontario, Canada. The Science of the Total Environment, 2003, 311 (1-3): 135-149.

[43]　Nakada N, Tanishima T, Shinohara H, et al. Pharmaceutical chemicals and endocrine disrupters in municipal wastewater in Tokyo and their removal during activated sludge treatment. Water Research, 2006, 40 (17): 3297-3303.

[44]　Ternes T A, Bonerz M, Herrmann N, et al. Determination of pharmaceuticals, iodinated contrast media and musk fragrances in sludge by LC tandem MS and GC/MS. Journal of Chromatography A, 2005, 1067 (1-2): 213-223.

[45]　Zorita S, Mårtensson L, Mathiasson L. Occurrence and removal of pharmaceuticals in a municipal sewage treatment system in the south of Sweden. Science of the Total Environment, 2009, 407 (8): 2760-2770.

[46]　Santos J L, Aparicio I, Callejón M, et al. Occurrence of pharmaceutically active compounds during 1-year period in wastewaters from four wastewater treatment plants in Seville (Spain). Journal of Hazardous Materials, 2009, 164 (2-3): 1509-1516.

[47]　Fernández C, González-Doncel M, Pro J, et al. Occurrence of pharmaceutically active compounds in surface waters of the henares-jarama-tajo river system (madrid, spain) and a potential risk characterization. Science of the Total Environment, 2010, 408 (3): 543-551.

[48]　Calamari D, Crosa G. Long-term ecological assessment of West African rivers treated with insecticides: Methodological considerations on quantitative analyses. Toxicology Letters, 2003, 140-141: 379-389.

[49]　Bendz D, Paxéus N A, Ginn T R, et al. Occurrence and fate of pharmaceutically active compounds in the environment, a case study: Höje River in Sweden. Journal of Hazardous Materials, 2005, 122 (3): 195-204.

[50]　Kasprzyk-Hordern B, Dinsdale R M, Guwy A J. Illicit drugs and pharmaceuticals in the environment-Forensic applications of environmental data, Part 2: Pharmaceuticals as chemical markers of faecal water contamination. Environmental Pollution, 2009, 157 (6): 1778-1786.

[51]　Metcalfe C D, Koenig B G, Bennie D T, et al. Occurrence of neutral and acidic drugs in the effluents of Canadian sewage treatment plants. Environmental Toxicology and Chemistry, 2003, 22 (12): 2872-2880.

[52]　Ashton D, Hilton M, ThomasK V. Investigating the environmental transport of human pharmaceuticals to streams in the United Kingdom. Science of the Total Environment, 2004, 333 (1-3): 167-184.

[53]　Peng X，Yu Y，Tang C，et al. Occurrence of steroid estrogens，endocrine-disrupting phenols，and acid pharmaceutical residues in urban riverine water of the Pearl River Delta，South China. Science of the Total Environment，2008，397（1-3）：158-166.

[54]　Heberer T. Tracking persistent pharmaceutical residues from municipal sewage to drinking water. Journal of Hydrology，2002，266（3-4）：175-189.

[55]　Jux U，Baginski R M，Arnold H G，et al. Detection of pharmaceutical contaminations of river，pond，and tap water from Cologne（Germany）and surroundings. International Journal of Hygiene and Environmental Health，2002，205（5）：393-398.

[56]　Reddersen K，Heberer T，Dünnbier U. Identification and significance of phenazone drugs and their metabolites in ground-and drinking water. Chemosphere，2002，49（6）：539-544.

[57]　Jones O A，Lester J N，Voulvoulis N. Pharmaceuticals：A threat to drinking water？Trends in Biotechnology，2005，23（4）：163-167.

[58]　Kim S D，Cho J，Kim I S，et al. Occurrence and removal of pharmaceuticals and endocrine disruptors in South Korean surface，drinking，and waste waters. Water Research，2007，41（5）：1013-1021.

[59]　Joss A，Zabczynski S，Göbel A，et al. Biological degradation of pharmaceuticals in municipal wastewater treatment：Proposing a classification scheme. Water Research，2006，40（8）：1686-1696.

[60]　Schwarzenbach R P，Gschwend P M，Imboden D M. Environmental Organic Chemistry. 2nd ed. New Jersey：Wiley Interscience，2003.

[61]　Ternes T A，Stumpf M，Mueller J，et al. Behavior and occurrence of estrogens in municipal sewage treatment plants-I. Investigations in Germany，Canada and Brazil. The Science of the Total Environment，1999，225（1-2）：81-90.

[62]　Castiglioni S，Bagnati R，Fanelli R，et al. Removal of pharmaceuticals in sewage treatment plants in Italy. Environmental Science and Technology，2006，40（1）：357-363.

[63]　Hijosa-Valsero M，Sidrach-Cardona R，Martín-Villacorta J，et al. Statistical modelling of organic matter and emerging pollutants removal in constructed wetlands. Bioresource Technology，2011，102（8）：4981-4988.

[64]　Lindqvist N，Tuhkanen T，Kronberg L. Occurrence of acidic pharmaceuticals in raw and treated sewages and in receiving waters. Water Research，2005，39（11）：2219-2228.

[65]　Musson S E，Campo P，Tolaymat T，et al. Assessment of the anaerobic degradation of six active pharmaceutical ingredients. Science of the Total Environment，2010，408（9）：2068-2074.

[66]　Hanlon G W，Kooloobandi A，Hutt A J. Microbial metabolism of 2-arylpropionic acids：Effect of environment on the metabolism of ibuprofen by Verticillium lecanii. Journal of Applied Microbiology，1994，76（5）：442-447.

[67]　Chen Y，Rosazza J P N. Microbial transformation of ibuprofen by a Nocardia Species. Applied and Environmental Microbiology，1994，60（4）：1292-1296.

[68]　Murdoch R W，Hay A G. Formation of catechols via removal of acid side chains from ibuprofen and related aromatic acids. Applied and Environmental Microbiology，2005，71（10）：6121-6125.

[69]　Tauxe-Wuersch A，De Alencastro L F，Grandjean D，et al. Occurrence of several acidic drugs in sewage treatment plants in Switzerland and risk assessment. Water Research，2005，39（9）：1761-1772.

[70]　Golet E M，Strehler A，Alder A C，et al. Determination of fluoroquinolone antibacterial agents in sewage sludge and sludge-treated soil using accelerated solvent extraction followed by solid-phase extraction. Analytical Chemistry，2002，74（21）：5455-5462.

[71]　Ternes T A，Meisenheimer M，McDowell D，et al. Removal of pharmaceuticals during drinking water treatment. Environmental Science and Technology，2002，36（17）：3855-3863.

[72]　Ternes T A, Herrmann N, Bonerz M, et al. A rapid method to measure the solid-water distribution coefficient (K_d) for pharmaceuticals and musk fragrances in sewage sludge. Water Research, 2004, 38(19): 4075-4084.

[73]　Doll T E, Frimmel F H. Fate of pharmaceuticals-photodegradation by simulated solar UV-light. Chemosphere, 2003, 52 (10): 1757-1769.

[74]　Bartels P, von Tümpling W Jr. The environmental fate of the antiviral drug oseltamivir carboxylate in different waters. Science of the Total Environment, 2008, 405 (1-3): 215-225.

[75]　Oaks J L, Gilbert M, Virani M Z, et al. Diclofenac residues as the cause of vulture population decline in Pakistan. Nature, 2004, 427 (6975): 630-633.

[76]　Schwaiger J, Ferling H, Mallow U, et al. Toxic effects of the non-steroidal anti-inflammatory drug diclofenac: Part I: histopathological alterations and bioaccumulation in rainbow trout. Aquatic Toxicology, 2004, 68 (2): 141-150.

第二篇 环境样品中 PhACs 的分析检测技术

第 2 章　环境样品中 PhACs 的分析方法

2.1　概　　述

2.1.1　分析流程

环境中药物的浓度相对较低，因此要准确了解药物的污染水平，首先要建立一套能够精确到 ng/L 水平的检测程序。对于环境中药物的分析，需要多步骤处理。图 2.1 为环境中液本样品和固体样品中药物的分析流程。

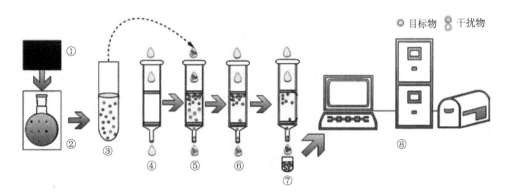

图 2.1　液体样品和固体样品中药物的分析流程

①固体样品；②萃取-蒸干-溶解成液态萃取液；③液体样品；④活化柱子；⑤上样；⑥洗脱杂质；
⑦淋洗目标物质；⑧液相/气相-质谱仪

对于液体样品中的药物，首先将样品过滤（采用孔径＜1 μm 的玻璃滤器或0.45 μm 的硝酸纤维过滤器），在样品中加入回收率指示物（surrogate standard），然后调节溶液 pH。样品渗滤通过已预处理过的固相萃取小柱，流速为 5～20 L/min。小柱用有机溶剂和去离子水清洗，在氮气流中彻底干化。再用合适的有机溶剂将分析物从小柱中萃取出来，在温和氮气流中将萃出物吹干或减少至一定体积。为了消除基体效应，用硅胶柱或凝胶柱将样品净化，最后用 LC/MS 或衍生化后接 GC/MS 等测定药物。对于固相样品，先用合适的方法将固相中的分析物萃取出来，依照分析物的性质，萃出物被蒸干，溶解于未污染的水中制成液态萃取物，再用液态萃取物的萃取步骤进一步处理。

2.1.2　样品富集和浓缩

样品富集浓缩是药物分析工作的关键环节，其方法的选择将影响到整个检测程序的敏感性和准确性。对于液体样品，常用的萃取方法为液液萃取（liquid liquid extraction，LLE）、固相萃取（solid phase extraction，SPE）和固相微萃取（solid phase microextraction，SPME）等。对于固体样品，目前常用的提取富集方法为超声波溶剂萃取（ultrasonic solvent extraction，USE）、微波辅助溶剂萃取（microwave assisted solvent extraction，MASE）、加压液相萃取（pressurized liquid extraction，PLE）、超临界流体萃取（supercritical fluid extraction，SFE）、序列过热液相萃取（sequential superheated liquid extraction，SHLE）等。

1. 固体样品

（1）超声波溶剂萃取（USE）：该法常用于固体环境样品的处理。在该固/液萃取系统中，将有机溶剂加到固体样品中，在超声条件下萃取。这个技术基于气泡的崩解导致的空穴效应，在水液中产生了高于 500 MPa 的短期空气脉冲，温度高达 5000 K。随着沉积物和土壤颗粒结构的破坏，附着的分析物分子被释放从而增强了萃取效率。通常样品需要剧烈振荡并超声波处理几分钟，重复萃取几次。将最后得到的泥浆物离心，收集悬浮有机相，用蒸发来减少体积。该方法可用于测定河流沉积物和污泥中不同种类的药物。

（2）微波辅助溶剂萃取（MASE）：该法常用于在萃取过程中加热样品/溶剂的混合物。这样比常规方法（如索氏萃取）效率大大提高，且耗时少，主要用于提取沉积物中的药品及个人护理品。

（3）加压液相萃取（PLE）：该法常用来代替传统的索氏萃取。将样品置于不锈钢提取容器中，在高压（大于 200 MPa）和高温（大于 200℃）下进行，以提高溶解度和物质传输。由于压力高，溶剂表现为液态，导致扩散系数显著增加。有机溶剂、液态的酸性及中性的溶剂都可以用该法进行。PLE 的其他优点是溶剂使用量少，萃取时间短，而且全自动化操作。用该方法可测定污泥、土壤和沉积物中的大环内酯类、磺胺类、四环素类抗生素、香料及杀菌剂等。

（4）超临界流体萃取（SFE）：该法适用于非极性到中等极性的高水溶性分析物。在该萃取中，同时需用到溶剂和气体（如 CO_2），通过提高压力和升高温度将溶剂和气体维持在超临界状态。对于特殊的分析物可以选择性调整萃取条件，减少共萃取。已经有研究利用该方法分析土壤中的类固醇。

（5）序列过热液相萃取（SHLE）：该法是加压液相萃取的改进，通过改变温度和压力来改变溶剂的介电常数、黏度、表面张力和极性等性质，还可以进行动态提取和静态提取，提取方式灵活，对于不同极性的目标分析物的同时萃取是一个很好的方法。S. Morales-Muñoz 等用 SHLE 成功萃取了海水底泥中不同极性的灭虫剂、药物和个人护理品（如 TCS、雌激素酮、17β-雌二醇、双酚 A 等），比传统的索氏提取法节省了萃取时间，使用萃取剂体积更少，更易摆脱基体效应，使大量的化合物在环境水平（μg/L）得到定量的萃取。

2. 液体样品

（1）液液萃取（LLE）：该法可用于液体样品中非极性和半极性分析物的萃取。在平衡状态下，分析物依照分析物的分离系数在两个互不相溶的相中分离。因此，萃取效率随着多次序列萃取而提升。pH、盐度和离子配对试剂对分配平衡起重要作用，选择合适的溶剂及对水相的调整很重要。LLE 已应用于水样中类固醇和抗炎药的分析。

（2）固相萃取（SPE）：该方法已经取代液液萃取方法而成为最常用的萃取方法。液体样品的 pH 常被调整到一定值，使其对分析物解离或非解离的形态都有利。将样品通过预处理过的装有一种或几种 SPE 吸附材料的小柱，样品过柱的流速必须足够慢（如 20 mL/min），以保证分析物能有效地吸附到 SPE 材料上。进样之后，SPE 材料通常要清洗并用氮气流吹干或者冷冻干燥。最后用有机溶剂将分析物洗脱出来，洗脱液用温和氮气流吹干并用合适的溶剂重新溶解。SPE 可以离线操作，当萃取装置直接连接色谱系统时也可以在线操作。

（3）固相微萃取（SPME）：该法可看成是经典固相萃取的微型版本，将小型的涂敷有硅藻土的纤维作为固定相，浸入液体样品一定时间。分析物扩散分离到纤维的高分子涂层，然后在气相色谱进样器中直接热解析或者在进液相色谱前用溶剂解析或进行更进一步的样品处理。固相微萃取已经应用于药物和雌激素的分析，但灵敏度相对较低。

2.1.3　目标分析物净化和衍生化

在许多情况下，萃取后样品中仍然存在许多干扰基质成分，因此，必须采用净化步骤来排除共萃取的干扰性物质，提高物质的回收率。通常采用的方法介绍如下。

（1）硅胶柱：硅胶能去除具有强保留值的极性共萃取基质（如生物组织中的蛋白质、腐殖酸、脂肪酸等）。将固相萃取物转移到硅胶柱，分析物用合适的溶剂提取，基体杂质则保留在吸附剂材料上。目前已经用硅胶净化环境样品中的雌激素、香料等。

（2）凝胶渗透色谱：该方法将分析物按照其分子尺寸大小分离。目前使用的是不同孔径的各种类型的材料。当分析物通过凝胶渗透色谱柱时，大分子不能通过孔隙而小分子可以通过并截留下来。因此，大分子在小分子前被洗提出来。对于分析物的净化，萃出物被溶解于有机溶剂中并注入色谱柱，典型的流速为 1～5 mL/min。凝胶渗透色谱已成功应用于复杂基质（如废水或污泥）中雌激素和香料的分析。

（3）衍生化：由于大多数药物的挥发性相对较低，在进气相色谱前必须通过衍生化来提高其挥发性。衍生剂必须依照分析物的官能团来选择。在大量已知的衍生化反应中，最常用的有乙酰化、甲基化、五氟苯甲基化和硅烷化，常用的衍生化试剂有乙酸酐、重氮甲烷、五氟苯甲基溴化物、*N*-三甲基硅三氟乙酸铵等。

2.1.4 分析检测技术

环境中药物类污染物种类多，化学结构相似性大，准确的定性和定量分析需要借助色谱高效分离分析来实现，此外也有酶联免疫学、电泳等方法，但是使用最广泛的还是色谱-质谱联用技术，可选用的分析方法有气相色谱-质谱（gas chromatography-mass spectrometry，GC-MS）、气相色谱-双质谱（gas chromatography-tandem mass spectrometry，GC-MS-MS）、高效液相色谱-质谱（high pressure liquid chromatography-mass spectrometry，HPLC-MS）、高压液相色谱-双质谱（high pressure liquid chromatography-tandem mass spectrometry，HPLC-MS/MS）等。

GC-MS 由于具有相当高的色谱保留性，对于分析挥发性和半挥发性的有机物是一个非常强大的分析工具，数十年来在环境研究中多见报道。例如，Glen R. Boyd 等在 2004 年用 SPE-GC-MS 的方法对美国暴雨管道和城市雨水管道的高氯芬酸、萘普生、布洛芬、TCS、双酚 A 等个人护理品和内分泌干扰物质进行了同时富集分析。样品固相萃取后用 BSTFA 衍生化，再接 GC-MS 定量分析，采用单离子模式，检出布洛芬的浓度为 674 ng/L，其他物质浓度为 1.6～145 ng/L，该方法可用作暴雨管道非点源污水污染的指示。

自 20 世纪 90 年代起，基于强界面（如电喷雾离子化 ESI、空气加压化学离子化 APCI、空气加压光离子化 APPI 等）的发展，液相色谱-质谱得到广泛应用。例如，Jeffery D. Calhill 等在 2004 年用 SPE-HPLC-EIS-MS 对美国地表水和地下水进行常规检测，同时检测了 22 种不同类型的药物，回收率大于 60%。该方法的检出限为 0.022 µg/L。

由于质谱价格昂贵，液相色谱后接紫外光或荧光检测器也同样成为某些物质的主要检测手段。例如，Turiel 等建立了利用 HPLC-UV 技术检测湖水和河水中 9 种喹诺酮类抗生素的方法，其对湖水和河水的检测限分别为 8～15 ng/L 和 8～20 ng/L。

Golet 用 HPLC-FLD 检测城市污水中的 CIP 和 OFL，次年又对污水处理厂污泥和土壤中的这两种抗生素进行检测，其检测限分别是 0.145 mg/kg dw 和 0.118 mg/kg dw。

　　环境中的药物浓度相对较低，需要将其从样品基质中提取出来并预浓缩。此外，如果干扰基质（如腐殖质）在提取后仍存在于样品中，就需要更进一步的净化（如硅胶柱净化）。为消除基体效应的影响，还必须加入标准物质进行定量。由于许多物质具有极性、低挥发性，且遇热不稳定，传统的气相色谱技术由于需要费时费力的衍生化步骤而受到限制，液相色谱-质谱由于不需要衍生化，因此在药物的分析中得到广泛应用。随着各种污染物在环境中的持续检出，仍需要开发对多种物质同时识别并具有良好灵敏性和选择性的分析方法。

2.2　酸性药物的分析测定方法研究进展

2.2.1　环境样品中酸性药物的富集

　　为了检测环境中痕量 PhACs 类污染物，在进行仪器分析检测前需要采用一些富集分离的预处理手段。由于环境中的酸性药物浓度极低，富集、提取和净化都相当困难，酸性药物通常含有羧基和一两个酚羟基，几乎都可以在 pH 为 2～3 的范围内对其进行富集，因为在酸性条件下，羧基和羟基被质子化，因此溶液中没有离子官能团存在[1, 2]。

　　对于实际水样中的酸性药物，由于样品成分复杂，干扰杂质多，通常采用硅胶柱色谱对酸性药物进行分离以减少干扰，提高分析准确度和灵敏度。酸性药物极性较强，且在水中的浓度较低，因此要分析水体中的目标化合物，首先需要对处理后的样品进行富集，目前应用较多的是固相萃取技术[1, 3, 4]，该方法所需样品量少、耗费溶剂低、操作简便、回收率高，能有效地对目标化合物进行富集，因此固相萃取技术逐渐取代了传统的液液萃取法，成为富集复杂环境样品中痕量酸性药物的首选方法。固相萃取操作步骤包括活化、上样、淋洗和洗脱四个步骤。活化的目的是去柱内杂质并使得小柱易于与待测物发生作用；预处理之后样品在一定压力下经过固相萃取小柱，为了使有机组分被有效吸附，样品流速不宜过高；为了除去干扰杂质，在样品完全经过固相萃取小柱之后需要对其进行淋洗，淋洗溶液通常为含有一定浓度的有机溶剂或缓冲溶液；淋洗后选择适当的溶剂将待测物洗脱下来并收集在最小体积的溶剂中以进行后续分析。

　　应用于酸性药物固相萃取的填料种类繁多，传统的固相萃取填料主要包括碳基填料（如 C_8、C_{18}）、硅基填料、多孔聚合物填料、离子交换填料等。对于萃取效果而言，固相萃取小柱填料的性能与许多因素有关，主要包括吸附材料的比表面积、孔分布、粒径大小、表面极性等，而选择一种高效的吸附材料是提高固相萃取效率的关键。目前常用的商业固相萃取填料[5]如表 2.1 所示。

表 2.1　常用的商业固相萃取填料

吸附剂		填料	厂家	比表面积/（m²/g）
大孔树脂	Amberlite XAD-1	St-DVB	Rohm & Haas	100
	Amberlite XAD-1	St-DVB	Rohm & Haas	300
	Amberlite XAD-1	St-DVB	Rohm & Haas	≥750
	PLRP-S-10	St-DVB	Polymer Laboratories	500
	PLRP-S-30	St-DVB	Polymer Laboratories	375
超高交联	Envi-Chrom P	St-DVB hc	Supelco	800~950
	Bakerbond SDB-1	St-DVB hc	J. T. Baker	1060
	LiChrolut EN	St-DVB hc	Merck	1200
	Styrosorb 2 m	St-DVB hc	Purolite International	910
	Styrosorb MT-43	St-DVB hc	Purolite International	1050
	Chromabond HR-P	St-DVB hc	Macherey-Nagel	1200
亲水单体	Amberlite XAD-7	MA-DVB	Rohm & Haas	450
	Amberlite XAD-8	MA-DVB	Rohm & Haas	310
	Oasis HLB	PVP-DVB	Waters	830
	Porapak RDX	PVP-DVB	Waters	n.d.
	Abselut Nexus	MA-DVB	Varian	575
	Discovery DPA-6S	Polyamide	Supelco	n.d.
硅基	ENVI-C₁₈	n.d.	Supelco	500
	C₁₈	n.d.	Supelco	511
化学修饰	Bond Elut PPL	St-DVB c.m.	Varian	700
	Isolute ENV+	St-DVB-OH.	IST	1000~1100
	Strata X	St-DVB c.m.	Phenomenex	800
	Chromabond EASY	St-DVB c.m.	Macherey-Nagel	650~700
	Spe-ed Advanta	St-DVB c.m.	Applied Separations	nd

注：MA 为甲基丙烯酸酯；PVP 为聚乙烯吡咯烷酮；c.m.为化学修饰；nd 为无数据。

在酸性药物的固相萃取过程中，Oasis MCX 小柱[6,7]、C₁₈[8]、Oasis HLB[9-14]及 RP-C₁₈[1,12,15]均较为常用。除此之外，在固相萃取过程中体系 pH、活化小柱用的萃取有机溶剂种类、上样流速、洗脱剂种类对固相萃取过程均有一定影响。洗脱剂也因小柱类型和萃取方法有所不同，对于酸性药物而言，常用的洗脱剂包括正己烷、乙酸乙酯、甲醇、乙腈及丙酮等。而对于水样预处理过程基本上一致，水样 pH 通常需要控制在 2~4 之间[3,15,16]，对其离心或者经过 0.45 μm 的膜过滤之后，以较低的流速通过固相萃取小柱进行富集。

Castiglioni 等[17]对比了 OASIS MCX（3 mL，60 mg，Waters Corp.，Milford，美国）、Lichrolut EN（3 mL，200 mg，Merck，Darmstadt，德国）、OASIS HLB（3 mL，60 mg，Waters Corp.，Milford，MA）及 Bakerbond C_{18}（3 mL，500 mg，Baker，Phillipsurg，NJ）这四种固相萃取小柱对包括布洛芬、氯贝酸、苯扎贝特在内的30 种药物进行富集，其研究结果显示当水样在 pH 为 1.5～2.0 时，OASIS MCX小柱对这些药物取得了较好的富集效果。Castiglioni 等采用 OASIS MCX 富集时，其淋洗有机溶剂为 6 mL 甲醇、3 mL Milli-Q 超纯水、3 mL pH 为 2 的 Milli-Q 超纯水，水样体积为 500 mL，水样以 20 mL/min 的流速经过小柱后，干燥 5 min，采用 2 mL 甲醇、2 mL 含有 2%的氨水的甲醇溶液，2 mL 含有 0.2%氢氧化钠的甲醇溶液进行洗脱，最后采用氮气吹至近干后定容。其中苯扎贝特的回收率为（76±2.6）%，氯贝酸的回收率为（81±1.8）%，布洛芬的回收率为（92±3.7）%。Gros 等[18]对比了 Oasis HLB（60 mg，3 mL）、Isolute ENVI（200 mg，3 mL）、Octadecylsilica Isolute C_{18}（500 mg，3 mL）及强阳离子交换柱 Oasis MCX（150 mg，6 mL）对包括酸性药物在内的 7 类 PhACs 类污染物富集效果，对于这些固相萃取小柱，均采用 5 mL 的甲醇、5 mL 的去离子水在中性或酸性 pH 条件下（pH=2）对小柱进行活化，样品以 10 mL/min 的流速通过小柱，然后采用 5 mL 的去离子水对小柱进行淋洗，并真空干燥 10～20 min，最后采用 2 mL×4 mL 的甲醇以 1 mL/min 的流速进行洗脱，洗脱液用温和的氮气吹至近干后采用 25：75 的甲醇/水定容。通过对这几种不同类型的固相萃取小柱的比较可知，Lichrolut ENVI 型固相萃取小柱仅对少量的 PhACs 类污染物较为有效，其主要用于在较低的 pH 条件下对极性的化合物进行富集，但是其对于中性的药物也有一定保留效果；C_{18}的固相萃取小柱对于大部分化合物都较为适用，但是与 Oasis HLB 型固相萃取小柱相比，对于大部分目标物质的回收率较低。Oasis HLB 型固相萃取小柱对于大部分药物的 pH 适用范围较宽，属于亲水-亲脂型吸附材料。研究最终选用 Oasis HLB 型固相萃取小柱对这些药物进行富集，回收率除了甲胺呋硫、甲磺胺心、法莫替丁、美伐他汀这 4 种药物外，其余均大于 60%。Li 等[19]对 RP-C18（Supelclean ENVI-18 SPE，3 mL，0.5 g，Supelco，Bellefonte，PA，USA）、PS-DVB（聚苯乙烯-二乙烯基苯，LiChrolut EN）高分子吸附剂（3 mL，0.2 g，Merck）、Oasis HLB（3 mL，60 mg，Waters，Milford，MA，USA）这三种固相萃取小柱对氯贝酸、布洛芬、萘普生、酮洛芬、双氯芬酸等的富集作用进行了比较，富集过程首先采用 3 mL 甲醇进行活化，而后采用去离子水进行淋洗，水样体积为 500 mL（pH=5），以 5～20 mL/min 的流速通过固相萃取小柱，最后采用 1 mL 10%的甲醇溶液进行淋洗，真空干燥 5 min 后，采用 8 mL 丙酮、乙酸乙酯[1：1（体积比）]或 8 mL丙酮、乙酸乙酯[2：1（体积比）]进行洗脱。经过对比研究发现，采用 Oasis HLB的固相萃取小柱、1 mL 5%的甲醇溶液进行淋洗、2 mL 甲醇洗脱对于这些药物的回收效率较高。另外，在 Tixier 等[20]对地表水中的卡马西平、氯贝酸、双氯芬酸、布洛芬、萘普生、酮洛芬的赋存状况的研究中也是用 Waters Oasis HLB 对这些药物进行富集，其回收率较高。Öllers 等[21]对地表水和污水中的中性和酸性药物的检测，同样也采用 Waters Oasis HLB 固相萃取小柱进行富集，其中氯贝酸、布洛芬、萘普生、酮洛芬和双氯芬酸的回收率分别为 91%、89%、78%、65%和 80%。除此之外，Hilton[22]在采用 Strata X 6 mL 固相萃取小柱对包括氯贝酸、双氯芬酸、布洛芬在内的 7 种药物进行富集，其中氯贝酸的回收率为 83%、双氯芬酸的回收率为 62%、布洛芬的回收率为 117%。Weigel 等[23]对 7 种不同种类的固相萃取小柱进行了比较，其中小柱体积均为 6 mL，包括 SDB-1（Baker，Griesheim，德国）、Chromabond HR-P（Macherey-Nagel，Düren，德国）、EASY（Macherey-Nagel，Düren，德国）、Aabselut Nexus（Varian，Darmstadt，德国）、Isolute Env+（IST/Separtis，Grenzach-Whylen，德国）、LiChrolut EN（Merck，Darmstadt，Germany）、Oasis HLB（Waters，Eschborn，德国），其结果显示对于氯贝酸、苯扎贝特、布洛芬和双氯芬酸这些酸性药物而言，Oasis HLB 的固相萃取小柱取得了较好的回收率，其中氯贝酸的回收达 83%、苯扎贝特为 95%、布洛芬和双氯芬酸分别为 98%和 102%。Metcalfe 等[24]采用 LiChrolut 100 RP-18 小柱对包括氯贝酸、苯扎贝特、布洛芬、酮洛芬、双氯芬酸、萘普生等在内的 18 种药物进行富集，同样取得了较好的效果。Lee 等[25]采用 6 mL 150 mg 的 Oasis MAX 固相萃取小柱（Waters Corp.）进行富集，其中氯贝酸的回收率达（94±5）%、布洛芬达（86±4）%、萘普生（103±5）%、酮洛芬（105±6）%、双氯芬酸（104±6）%。

总之，建立高效的固相萃取方法，不仅需要针对所选酸性药物的化学性质选择适合的固相萃取小柱，对分析物的浓度和浓度范围、溶剂的性质等进行确定，同时还应对固相萃取小柱的活化条件、洗脱剂种类等固相萃取条件进行优化。

2.2.2　酸性药物的气相色谱检测技术

气相色谱是以气体为流动相的色谱法，具有分离效率高、分析速度快、选择性较好、样品用量少、检测灵敏度高、操作简单、费用低等优点，是分析有机化合物不可缺少的一种手段。离子阱质谱仪的出现使气相色谱质谱（GC-MS）联用技术有了重大突破，进一步提高了灵敏度，使检测限大为降低、检测条件更加成熟。由于酸性药物多属于极性分子，因此采用 GC-MS 检测方式需要对样品进行衍生化处理。GC-MS 在实际水样中酸性药物含量的测定以及实际反应过程中这些酸性药物的代谢产物判断中有着较为广泛的应用。

Ternes[1]采用 GC-MS 方法对污水厂出水、地表水、饮用水中的酸性药物进行检测，水样经过固相萃取富集之后，采用重氮甲烷对其进行衍生化处理，在 GC-MS 中其检出限最低达到 10 ng/L，而 GC-MS/MS 的检出限达到 1 ng/L。Öllers 等[26] 同样也是采用重氮甲烷对某些酸性药物进行衍生化处理之后再进样。Heberer[27] 和 Tauxe 等[4]采用 GC-MS 检测酸性药物，用 400 μL 的五氟甲基苯酸酯、4 μL 的三乙胺在 2%的甲苯中于 90℃下反应 1 h。Reddersen 和 Heberer[28]同样采用 GC-MS 对污水、地表水、地下水、饮用水等不同水体中的药物进行了测定，其中包括氯贝酸、双氯芬酸、布洛芬、酮洛芬、萘普生等，这些药物的检出均小于 1 ng/L，定量限（limit of quantification，LOQ）为 1～4 ng/L。Lee 等[25]采用安捷伦 6890 气相色谱接安捷伦 5973 型质谱对 21 种药物进行测定，其中包括氯贝酸、布洛芬、萘普生、酮洛芬、双氯芬酸等 12 种酸性药物，在采用 GC-MS 对酸性药物进行测定前，他们在甲醇溶液中加入 250 μL 2%的 NH_4OH，并在 40℃的水浴环境下采用氮气吹干，然后加入 50 μL 乙腈、75 μL 三氟乙酰胺和 1%叔丁基二甲基氯硅烷（TBDMSCI），随后混合溶剂在 75℃条件下反应 30 min，衍生化后对其定容进行分析检测。GC 采用 Restek Rtx-5Sil MS（30 m，0.25 mm I.D.，0.25 μm）气相色谱柱对目标污染物质进行分离，这些酸性药物检出限达 0.01 μg/L。Weigel 等[23] 采用 Varian 3400 型 GC（Varian Associates，Sunnyvale，美国）后接 Magnum ITD 离子阱质谱仪（ion trap mass spectrometer）（Finnigan MAT，Bremen，德国）对布洛芬、氯贝酸、双氯芬酸等酸性及中性药物进行测定，采用 HP-5MS 色谱柱（Agilent Technologies，Palo Alto，USA；长 30 m，直径 0.25 mm，膜厚度 0.25 μm）对样品进行分离，其中布洛芬的检出限为 0.05 ng/L，氯贝酸为 0.26 ng/L，双氯芬酸 0.08 ng/L，并且在对德国汉堡市城市地表水的检测中得到了较好的应用，布洛芬浓度范围为 4.9～32 ng/L，氯贝酸为 2.4～7.6 ng/L，双氯芬酸为 26～67 ng/L。另外，该研究组[29]采用 GC-MS 对污水处理过程中布洛芬和其代谢产物羟基-布洛芬（hydroxy-ibuprofen）和羧基-布洛芬（carboxy-ibuprofen）进行了检测。Buse 等[30] 同样采用 GC 后接 VG Tribrid 质谱仪（VG Fisons，Manchester，英国）对地表水和污水中的布洛芬进行测定，以及对代谢成分 hydroxy-ibuprofen 和 carboxy-ibuprofen 进行测定。除此之外，Winkle 等[31]也对 Saale 和 Elbe 河流中的布洛芬及其代谢产物和氯贝酸采用 GC-MS 的方法进行检测。Öllers 等[21]采用 HR 型 GC 8060 气相色谱后接 MD 800 型质谱（费森斯公司，Beverly，MA，USA）对地表水和污水中的酸性药物和杀虫剂进行测定，其中酸性药物采用加入 800 μL 的重氮甲烷进行衍生化，酸性药物在纯水中的检出限为 0.9～3.6 ng/L，在地表水中检出限为 0.3～4.5 ng/L。Carballa 等[32]和 Rodrıguez 等[33]对污水厂中的布洛芬、萘普生、酮洛芬、双氯芬酸等酸性药物进行了检测，在固相萃取之后采用三氟乙酰胺对这些药物进行衍生化处理后进样，其中布洛芬的仪器检出限为 2 ng/L，在 Milli-Q 水中的检出限为 10 ng/L，在污水中的检出限为 20 ng/L；萘普生的仪器检出限为 2 ng/L，在 Milli-Q 水中的检出限为 10 ng/L，在污水中的检出限为 20 ng/L；酮洛芬的仪器检出限为 5 ng/L，在 Milli-Q 水中的检出限为 25 ng/L，在污水中的检出限为 50 ng/L；双氯芬酸的仪器检出限为 5 ng/L，在 Milli-Q 水中的检出限为 25 ng/L，在污水中的检出限为 50 ng/L。Sacher 等[34]对地下水中 60 种药物进行分析检测，酸性药物采用 GC-MS 进行检测，其中苯扎贝特的检出限为 7.5 ng/L，定量限为 24 ng/L；氯贝酸的检出限为 5.3 ng/L，定量限为 18 ng/L；双氯芬酸的检出限为 8.7 ng/L，定量限为 18 ng/L；布洛芬的检出限为 3.5 ng/L，定量限为 12 ng/L；酮洛芬的检出限为 4.8 ng/L，定量限为 16 ng/L；萘普生的检出限为 3.8 ng/L，定量限为 13 ng/L。

2.2.3　酸性药物的液相色谱检测技术

高效液相色谱是在 20 世纪 60 年代末期，在经典液相色谱法和气相色谱法的基础上，发展起来的新型分离分析技术。它采用了新型高压输液泵、高灵敏度检测器和高效微粒固定相及各种智能化软件，从而比经典液相色谱柱效高且分离能力高。并且在分析速度、分离效能、检测灵敏度和操作自动化方面，达到了和气相色谱法相媲美的程度，并且弥补了气相色谱法的不足。90 年代后高效液相色谱技术发展很快，液相色谱与其他仪器的联机技术有了很大的发展，使高效液相色谱在药物分析检测上的应用前景更为广阔。液相色谱-质谱联用技术可直接用于分析极性大、不挥发、热不稳定的大分子化合物，分析范围广且不需要对样品进行衍生化处理，能够实现多组分残留的同时检测。而对于含有多种污染物的复杂样品，高效液相色谱-质谱/质谱联用技术（chromatography-mass spectrometer/mass spectrometer，HPLC-MS/MS）不但可高效分离环境中的医药品，达到足够低的检出限，也无需费时费力的衍生化，是目前药物分析中最常用的手段。在实际水样中酸性药物含量的测定及实际反应过程中代谢产物的判断中均得到了较为广泛的应用。

HPLC-UV 分析具有操作简单、准确度高等特点，在酸性药物的分析检测中得到越来越多的应用。为满足对痕量物质及复杂样品的分析检测，许多研究人员在不断开发新的反应体系和检测技术手段的（如双波长、多波长等）同时，也在对已有的分析方法进行优化。陈芳荣等[35]采用固相萃取-液相色谱法同时检测了水杨酸、酮洛芬、萘普生和双氯芬酸钠等 4 种酸性药物，其采用的色谱柱为 Varian Pursuit C$_{18}$（5 μm，4.6 mm×250 mm），检测波长为 230 nm，流动相为体积比是 58∶42 的甲醇和 0.03 mol/L 的磷酸盐缓冲溶液，流速为 1 mL/min，该方法中各个药物的检出限分别为 0.15 μg/L、0.18 μg/L、0.03 μg/L 和 0.60 μg/L，适合于水环境中这几种药物的分析检测。Stafiej 等[8]采用 HPLC-UV 对环境中 9 种药物进行了检测，其中包括氯贝酸、双氯芬酸、布洛芬、酮洛芬、萘普生等几种酸性药物，检测波长为 230 nm，流动相为乙腈/水（乙酸 pH=4.0，水：乙腈=30：70），其检出限为 0.006～0.17 mg/L。Doll 和 Frimmel[36]在对氯贝酸等药物的光催化降解动力学研究中采用 HPLC-DAD-FLD 对这些药物及其中间产物进行了检测。在许多高级氧化的研究过程中，如在超声波对双氯芬酸的降解研究[37]、双氯芬酸在光催化中试实验中的分解途径[38]、臭氧和 UV-H_2O_2 对于氯贝酸的去除研究[39]、氯化作用对于萘普生的去除[40]研究等均采用 HPLC-UV 的方法对这些酸性药物进行检测。Packer 等[41]在萘普生、双氯芬酸、氯贝酸和布洛芬等药物的光化学途径研究中，采用岛津 UV-1601 PC 色谱仪，Supelco Discovery RP-Amide C_{16} 色谱柱（150×4.6 mm，5 μm）对各酸性药物进行检测，其检测波长为 219 nm，流动相为 60：40 的乙腈和 KH_2PO_4 缓冲盐溶液（pH=3），流速为 1 mL/min。

但是在实际样品的测定中，HPLC-UV 对于酸性药物的检出效果不能满足要求，因此，HPLC-MS/MS 逐步得到越来越广泛的应用。对于国内而言，采用 HPLC-MS/MS 检测酸性药物的研究主要集中在动物组织和中西药的鉴定方面。例如，彭涛等[2]采用超高效液相色谱-电喷雾串联质谱法对猪肝中 18 种非甾体类抗炎药（NSAIDs）进行了测定，其中包括酮洛芬、布洛芬、萘普生、双氯芬酸等几种常用的酸性药物，该方法的检出限和定量限分别为 0.2～10 μg/kg 和 1.0～50 μg/kg，回收率为 53.8%～92.7%，相对标准偏差（RSD）小于 10.3%。胡婷等[42]采用离子交换固相萃取超高效液相色谱串联质谱的方法同时测定了动物组织中的 8 类 14 种非甾体抗炎药，其中包括双氯芬酸和布洛芬，其检出限分别为 10 μg/kg 和 15 μg/kg，定量限分别为 25 μg/kg 和 50 μg/kg。吴小红等[43]采用 HPLC-MS/MS 对中药制剂中的多种解热镇痛类药物的含量进行了测定，其中包括萘普生、布洛芬、双氯芬酸等，通过与标准谱库中保留时间和多级质谱图的双重对比进行定性鉴别。虽然国内对环境样品采用液-质联用技术检测酸性药物的研究较少，但是在其他种类药物的测定方面得到较为广泛的应用。例如，高立红等[44]采用 HPLC-MS/MS 方法同时分析环境水样中 8 种氟喹诺酮类抗生素，其方法检出限达到 0.2～1 ng/L，相对标准偏差为 2.6%～13.2%，在对污水处理厂进出水的检测中取得了较好的效果。唐才明等[45]也采用液相色谱-电喷雾串联质谱（LC-ESI-MS/MS）对水环境中的磺胺、大环内酯类抗生素、甲氧苄啶及氯霉素等进行了检测，其中海水和城市污水中这些抗生素的定量限分别为 1.1～34.7 ng/L 和 2.5～57.2 ng/L，平均回收率分别为 78%～98%和 67%～111%，相对标准偏差不高于 8.8%。另外，马丽丽等[46]采用 HPLC-MS/MS 方法同时检测了土壤中的氟喹诺酮类、四环素类和磺胺类等 18 种抗生素，其中氟喹诺酮类、四环素类、磺胺类的检出限分别为 3.4～8.9 μg/kg、0.56～0.91 μg/kg 和 0.07～1.85 μg/kg，在对 6 种不同类型土壤样品的检测中，取得了较好的效果。这些方法的建立均为环境样品中酸性药物的检测提供了可靠的技术支撑。

2007 年 12 月美国环境保护局颁布了环境水体、土壤、沉积物和生物固体（如活性污泥）中 PhACs 类污染物的标准分析方法，规定四环素类、磺胺类、大环内酯类、喹诺酮类、β-内酰胺类抗生素、兴奋剂、消炎药等在内的 74 种 PhACs 类污染物均采用液-质联用方法进行分析[47]。其实早在 2001 年，Ternes[1, 48]便对 HPLC-MS 对环境中 PhACs 类污染物的检测方法进行了总结，其中包括苯扎贝特、氯贝酸、双氯芬酸、布洛芬、萘普生、酮洛芬等酸性药物，这些药物的检出限为 0.05～0.25 μg/L。另外，Ternes 等[1, 48]还采用 HPLC-MS 对污泥中的酸性药物进行了测定，其流动相为乙腈/水（乙酸，pH=2.9），采用空气压力化学电离（APCI）阴离子模式，其检出限为 20～50 ng/g。Lindqvist 等[7]采用 HPLC-ESI-MS/MS 对回用水的原水及处理后出水中的酸性药物进行了检测，其流动相为乙腈/水（10 mmol/L 氨水、5%乙腈），该方法在 1～2000 ng/L 的范围内呈现良好的线性关系。Castiglioni 等[17]采用 LC-MS/MS 对双氯芬酸、苯扎贝特、氯贝酸、布洛芬等药物进行了测定，其流动相为 0.1%的甲酸（pH=2）和乙腈，采用梯度洗脱，进样量为 10 μL，流速为 200 μL/min，其质谱条件为阴离子模式，喷雾电压为–4.4 kV，碰撞电压为–130～–280 V，其中苯扎贝特的线性范围为 0.1～1600 ng/100 μL，日间相关系数 r^2 为 0.999±0.001，仪器检出限为 6 ng/L，在污水厂出水中该方法检出限为 0.1 ng/L；氯贝酸的线性范围为 0.1～3000 ng/100 μL，其日间相关系数 r^2 为 0.999±0.001，仪器检出限为 16 ng/L，在污水厂出水中该方法检出限为 0.36 ng/L；布洛芬的线性范围为 0.1～1800 ng/100 μL，其日间相关系数 r^2 为 0.9999±0.000，仪器检出限为 196 ng/L，在污水厂出水中该方法检出限为 1.38 ng/L。Panusa 等[49]采用 HPLC-UV 及 ESI-MS 对双氯芬酸、布洛芬、酮洛芬及萘普生进行检测，其流动相为乙腈/水（pH=3.16，1%甲酸），检测波长为 245 nm，阴离子模式，其 UV 检测器在 50～400 μg/mL 范围内呈良好的线性关系，而 ESI-MS 在 0.1～50 μg/mL 范围内呈良好的线性关系。除此之外，Pailler 等[16]采用固相萃取与 HPLC-MS 联用技术，对地表水和污水中的几类药物进行了检测，在对固相萃取条件和色谱条件进行了优化之后，对部分酸性药物的检出限达到 1 ng/L，回收率为 70%～94%。

另外，液相色谱质谱联用技术（LC-MS）在实际反应过程中对这些酸性药物代谢产物的判断有着较为广泛的应用。Perez-Estrada 等[50]采用 GC-MS 和 LC-TOF-MS 技术对双氯芬酸的芬顿光解产物进行了判断，并对其代谢过程进行了推测。Hsu 等[51]采用高效液相色谱法和 LC-ESI-MS 对萘普生的光催化产物进行了定性研究。Mendez-Arriaga 等[52]采用高效液相色谱-电喷雾质谱（LC-ESI-MS）对布洛芬的光解途径及产物进行了研究。Quintana 等[53]采用 LC-MS/MS 对双氯芬酸、萘普生、茚甲新等药物的氯化副产物进行了检测和判断。Hartmann 等[37]采用高效液相色谱和 GC-MS 对双氯芬酸的超声降解途径和中间产物进行了检测。

由此可见，液相色谱质谱联用技术（LC-MS）对分析包括双氯芬酸、萘普生、酮洛芬、氯贝酸、苯扎贝特在内的酸性药物的含量和代谢产物来说，是一种方便、快捷的检测方法。

参 考 文 献

[1]　Ternes T A. Analytical methods for the determination of pharmaceuticals in aqueous environmental samples. Trac-Trends in Analytical Chemistry，2001，20（8）：419-434.

[2]　彭涛，于静，严矛，等. 高效液相色谱-电喷雾串联质谱法同时测定猪肝中非甾体类抗炎药残留. 分析化学，2009，37（3）：363-368.

[3]　Kot-Wasik A，Debska J，Wasik A，et al. Determination of non-steroidal anti-inflammatory drugs in natural waters using off-line and on-line SPE followed by LC coupled with DAD-MS. Chromatographia，2006，64（1-2）：13-21.

[4]　Tauxe-Wuersch A，De Alencastro L F，Grandjean D，et al. Occurrence of several acidic drugs in sewage treatment plants in Switzerland and risk assessment. Water Research，2005，39（9）：1761-1772.

[5]　Fontanals N，Marce R，Borrull F. New hydrophilic materials for solid-phase extraction. Trac-Trends in Analytical Chemistry，2005，24（5）：394-406.

[6]　Loffler D，Ternes T A. Determination of acidic pharmaceuticals，antibiotics and ivermectin in river sediment using liquid chromatography-tandem mass spectrometry. Journal of Chromatography A，2003，1021（1-2）：133-144.

[7]　Lindqvist N，Tuhkanen T，Kronberg L. Occurrence of acidic pharmaceuticals in raw and treated sewages and in receiving waters. Water Research，2005，39（11）：2219-2228.

[8]　Stafiej A，Pyrzynska K，Regan F. Determination of anti-inflammatory drugs and estrogens in water by HPLC with UV detection. Journal of Separation Science，2007，30（7）：985-991.

[9]　Trovo A G，Melo S A S，Nogueira R F P. Photodegradation of the pharmaceuticals amoxicillin，bezafibrate and paracetamol by the photo-Fenton process-application to sewage treatment plant effluent. Journal of Photochemistry and Photobiology A—Chemistry，2008，198（2-3）：215-220.

[10]　Maskaoui K，Zhou J L. Colloids as a sink for certain pharmaceuticals in the aquatic environment. Environmental Science and Pollution Research，2010，17（4）：898-907.

[11]　Gracia-Lor E，Sancho J V，Hernandez F. Simultaneous determination of acidic，neutral and basic pharmaceuticals in urban wastewater by ultra high-pressure liquid chromatography-tandem mass spectrometry. Journal of Chromatography A，2010，1217（5）：622-632.

[12]　Wu J M，Qian X Q，Yang Z G，et al. Study on the matrix effect in the determination of selected pharmaceutical residues in seawater by solid-phase extraction and ultra-high-performance liquid chromatography-electrospray ionization low-energy collision-induced dissociation tandem mass spectrometry. Journal of Chromatography A，1217（9）：1471-1475.

[13]　Dobor J，Varga M，Yao J，et al. A new sample preparation method for determination of acidic drugs in sewage sludge applying microwave assisted solvent extraction followed by gas chromatography-mass spectrometry. Microchemical Journal，2010，94（1）：36-41.

[14]　Sebok A，Vasanits-Zsigrai A，Palko G，et al. Identification and quantification of ibuprofen，naproxen，ketoprofen and diclofenac present in waste-waters，as their trimethylsilyl derivatives，by gas chromatography mass spectrometry. Talanta，2008，76（3）：642-650.

[15] Ternes T A，Meisenheimer M，McDowell D，et al. Removal of pharmaceuticals during drinking water treatment. Environmental Science and Technology，2002，36（17）：3855-3863.

[16] Pailler J Y，Krein A，Pfister L，et al. Solid phase extraction coupled to liquid chromatography-tandem mass spectrometry analysis of sulfonamides，tetracyclines，analgesics and hormones in surface water and wastewater in Luxembourg. Science of the Total Environment，2009，407（16）：4736-4743.

[17] Castiglioni S，Bagnati R，Calamari D，et al. A multiresidue analytical method using solid-phase extraction and high-pressure liquid chromatography tandem mass spectrometry to measure pharmaceuticals of different therapeutic classes in urban wastewaters. Journal of Chromatography A，2005，1092（2）：206-215.

[18] Gros M，Petrović M，Barceló D. Development of a multi-residue analytical methodology based on liquid chromatography-tandem mass spectrometry（LC-MS/MS）for screening and trace level determination of pharmaceuticals in surface and wastewaters. Talanta，2006，70（4）：678-690.

[19] Lin W C，Chen H C，Ding W H. Determination of pharmaceutical residues in waters by solid-phase extraction and large-volume on-line derivatization with gas chromatography-mass spectrometry. Journal of Chromatography A，2005，1065（2）：279-285.

[20] Tixier C，Singer H P，Oellers S，et al. Occurrence and fate of carbamazepine，clofibric acid，diclofenac，ibuprofen，ketoprofen，and naproxen in surface waters. Environmental Science and Technology，2003，37（6）：1061-1068.

[21] Öllers S，Singer H P，Fässler P，et al. Simultaneous quantification of neutral and acidic pharmaceuticals and pesticides at the low-ng/l level in surface and waste water. Journal of Chromatography A，2001，911（2）：225-234.

[22] Hilton M J，Thomas K V. Determination of selected human pharmaceutical compounds in effluent and surface water samples by high-performance liquid chromatography-electrospray tandem mass spectrometry. Journal of Chromatography A，2003，1015（1）：129-141.

[23] Weigel S，Kallenborn R，Hühnerfuss H. Simultaneous solid-phase extraction of acidic，neutral and basic pharmaceuticals from aqueous samples at ambient（neutral）pH and their determination by gas chromatography-mass spectrometry. Journal of Chromatography A，2004，1023（2）：183-195.

[24] Metcalfe C D，Miao X S，Koenig B G，et al. Distribution of acidic and neutral drugs in surface waters near sewage treatment plants in the lower Great Lakes，Canada. Environmental Toxicology and Chemistry，2003，22（12）：2881-2889.

[25] Lee H B，Peart T E，Svoboda M L. Determination of endocrine-disrupting phenols，acidic pharmaceuticals，and personal-care products in sewage by solid-phase extraction and gas chromatography-mass spectrometry. Journal of Chromatography A，2005，1094（1）：122-129.

[26] Öllers S，Singer H P，Fässler P，et al. Simultaneous quantification of neutral and acidic pharmaceuticals and pesticides at the low-ng/L level in surface and waste water.Journal of Chrematography A，2001，911（2）：225-234.

[27] Heberer T，Mechlinski A，Fanck B，et al. Field studies on the fate and transport of pharmaceutical residues in bank filtration. Ground Water Monitoring and Remediation，2004，24（2）：70-77.

[28] Reddersen K，Heberer. T. Multi-compound methods for the detection of pharmaceutical residues in various waters applying solid phase extraction（SPE）and gas chromatography with mass spectrometric（GC-MS）detection. Journal of Separation Science，2003，26（15-16）：1443-1450.

[29] Weigel S，Berger U，Jensen E，et al. Determination of selected pharmaceuticals and caffeine in sewage and seawater from Tromsø/Norway with emphasis on ibuprofen and its metabolites. Chemosphere，2004，56（6）：583-592.

[30] Buser H R，Poiger T，Müller M D. Occurrence and environmental behavior of the chiral pharmaceutical drug

ibuprofen in surface waters and in wastewater. Environmental Science and Technology, 1999, 33 (15): 2529-2535.

[31]　Winkler M, Lawrence J R, Neu T R. Selective degradation of ibuprofen and clofibric acid in two model river biofilm systems. Water Research, 2001, 35 (13): 3197-3205.

[32]　Carballa M, Omil F, Lema J M, et al. Behavior of pharmaceuticals, cosmetics and hormones in a sewage treatment plant. Water Research, 2004, 38 (12): 2918-2926.

[33]　Rodrıguez I, Quintana J, Carpinteiro J, et al. Determination of acidic drugs in sewage water by gas chromato-graphy-mass spectrometry as tert-butyldimethylislyl derivatives. Journal of Chromatography A, 2003, 985 (1): 265-274.

[34]　Sacher F, Lange F T, Brauch H J, et al. Pharmaceuticals in groundwaters: Analytical methods and results of a monitoring program in Baden-Württemberg, Germany. Journal of Chromatography A, 2001, 938 (1): 199-210.

[35]　陈方荣, 吴波, 马培丽, 等. 固相萃取-液相色谱法同时检测 4 种酸性 PPCPs. 湖北大学学报 (自然科学版), 2011, 33 (2): 168-173.

[36]　Doll T E, Frimmel F H. Kinetic study of photocatalytic degradation of carbamazepine, clofibric acid, iomeprol and iopromide assisted by different TiO_2 materials-determination of intermediates and reaction pathways. Water Research, 2004, 38 (4): 955-964.

[37]　Hartmann J, Bartels P, Mau U, et al. Degradation of the drug diclofenac in water by sonolysis in presence of catalysts. Chemosphere, 2008, 70 (3): 453-461.

[38]　Pérez-Estrada L, Maldonado M, Gernjak W, et al. Decomposition of diclofenac by solar driven photocatalysis at pilot plant scale. Catalysis Today, 2005, 101 (3): 219-226.

[39]　Andreozzi R, Caprio V, Marotta R, et al. Ozonation and H_2O_2/UV treatment of clofibric acid in water: A kinetic investigation. Journal of Hazardous Materials, 2003, 103 (3): 233-246.

[40]　Boyd G R, Zhang S, Grimm D A. Naproxen removal from water by chlorination and biofilm processes. Water Research, 2005, 39 (4): 668-676.

[41]　Packer J L, Werner J J, Latch D E, et al. Photochemical fate of pharmaceuticals in the environment: Naproxen, diclofenac, clofibric acid, and ibuprofen. Aquatic Sciences-Research Across Boundaries, 2003, 65 (4): 342-351.

[42]　胡婷, 彭涛, 李晓娟, 等. 离子交换固相萃取-超高效液相色谱-串联质谱法同时测定动物组织中的 8 类非甾体抗炎药残留. 分析化学, 2002, 40 (2): 236-242.

[43]　吴小红, 李焕德, 朱荣华, 等. HPLC-MS/MS 法鉴别中药制剂中非法添加的多种解热镇痛类化学药物. 中南药学, 2010, 8 (10): 724-729.

[44]　高立红, 史亚利, 刘杰时, 等. 污水中氟喹诺酮类抗生素的分析方法. 环境化学, 2010, 29 (5): 948-953.

[45]　唐才明, 黄秋鑫, 余以义, 等. 高效液相色谱-串联质谱法对水环境中微量磺胺, 大环内酯类抗生素, 甲氧苄胺嘧啶与氯霉素的检测. 分析测试学报, 2009, 28 (8): 909-913.

[46]　马丽丽, 郭昌胜, 胡伟, 等. 固相萃取-高效液相色谱-串联质谱法同时测定土壤中氟喹诺酮, 四环素和磺胺类抗生素. 分析化学, 2010, 38.

[47]　McClellan K, Halden R U. Pharmaceuticals and personal care products in archived US biosolids from the 2001 EPA national sewage sludge survey. Water Research, 2010, 44 (2): 658-668.

[48]　Ternes T A, Bonerz M, Herrmann N, et al. Determination of pharmaceuticals, iodinated contrast media and musk fragrances in sludge by LC/tandem MS and GC/MS. Journal of Chromatography A, 2005, 1067 (1-2): 213-223.

[49]　Panusa A, Multari G, Incarnato G, et al. High-performance liquid chromatography analysis of anti-inflammatory pharmaceuticals with ultraviolet and electrospray-mass spectrometry detection in suspected counterfeit homeopathic medicinal products. Journal of Pharmaceutical and Biomedical Analysis, 2007, 43 (4): 1221-1227.

[50]　Perez-Estrada L A，Malato S，Gernjak W，et al. Fernandez-Alba. Photo-fenton degradation of diclofenac：Identification of main intermediates and degradation pathway. Environmental Science and Technology，2005，39（21）：8300-8306.

[51]　Hsu Y H，Liou Y B，Lee J A，et al. Assay of naproxen by high-performance liquid chromatography and identification of its photoproducts by LC-ESI MS. Biomedical Chromatography，2006，20（8）：787-793.

[52]　Mendez-Arriaga F，Esplugas S，Gimenez J. Degradation of the emerging contaminant ibuprofen in water by photo-Fenton. Water Research，2010，44（2）：589-595.

[53]　Quintana J B，Rodil R，Lopez-Mahia P，et al. Investigating the chlorination of acidic pharmaceuticals and by-product formation aided by an experimental design methodology. Water Research，44（1）：243-255.

第3章 双氯芬酸分子印迹固相萃取方法研究

固相萃取是富集环境样品中痕量有机物最广泛应用的方法[1, 2]，而且 SPE 可与色谱直接连接，实现在线自动化应用[3]。传统固相萃取填料如 C_{18} 主要通过阴离子交换或反相吸附作用萃取有机物，具有非特异性，样品中的多种干扰物质同样也被吸附于填料上[4]。而且，大体积加载必将影响洗脱效果，需要频繁更换 SPE 填料。分子印迹聚合物由于具有专一识别性，成为近年来 SPE 填料研究的热点之一，已广泛应用于不同的实际样品中[5-7]。

分子印迹技术多用于合成具有识别特性的印迹聚合物。由于印迹后的聚合物具有选择性识别位点，同时具有可再生等优势，因此，日益受到人们的关注。由于分子印迹聚合物（molecularly imprinted polymer，MIP）可与有机溶剂相容，MIP 作为 SPE 吸附填料已大量应用于多种污染物的萃取和富集[8-10]。同时，MISPE 已成功应用于不同样品中药物活性组分的萃取[11-13]。目前已有关于 DFC-MIP 在固相萃取中应用的报道[14]，然而报道中 DFC-MIP 采用本体聚合法合成，MIP 以大孔块状的形态存在，需要研磨并筛分成合适的粒径。由于研磨过程中存在印迹点的损失，因此仅能得到一定量的有用印迹聚合物[15]。因此，在当前的研究中，采用沉降聚合法得到粒径均一的球状 MIP 颗粒，更有利于 SPE 应用。

本章的目的是通过沉降聚合法制备有效的 DFC-MIP，并表征 DFC-MIP 作为 SPE 填料离线应用于选择性富集河水和污水中 DFC 的有效性。同时将 DFC-MIP 的吸附特性和传统 C_{18} 填料的吸附特性进行了对比。本章合成的 MIP 对目标污染物具有很强的亲和性和选择吸附性，这表明此聚合物适用于实际环境样品中污染物的分离富集，相比非选择性吸附的传统填料具有很大的优势。

3.1 实验材料与方法

3.1.1 药剂

双氯芬酸钠、卡马西平（CBZ）、2-VP、EGDMA、偶氮二异丁腈（AIBN）均购自 Sigma 公司（密苏里州圣路易市，美国）。HPLC 级乙腈、甲醇、甲苯和乙酸购自美国天地。高纯水由 Milli-Q 水净化系统（美国 Millipore）制得。其中 AIBN 在使用之前要在甲醇中重结晶。

为了获得双氯芬酸，将双氯芬酸钠溶液的 pH 调至 3 以下，并用三氯甲烷萃取。DFC（1 g/L）和 CBZ（1 g/L）的标准储备液分别配置在 Millipore 水中和甲醇/水[1∶1（体积比）]的混合液中，并储备在棕色容量瓶中，置于冰箱中 4℃保存备用。取一定量标准储备溶液，用对应的配制溶剂分别稀释至不同浓度的混合标准工作液，置于冰箱中 4℃保存。

3.1.2　分析方法

液相色谱分析在安捷伦 1200 高效液相色谱仪（agilent technologies，USA）上完成。包括 G1329A 自动取样器、G1311A 四极杆泵、G1322A 脱气机、G1314B 可变波长检测器（VWD）、G1316A 柱温箱。DFC 的紫外检测波长为 272 nm，柱温 30℃。选用 Gemini-NX C$_{18}$ column（250 mm×4.6 mm i.d.，5 μm）作为分离柱。流动相采用等梯度洗脱，流速 1.0 mL/min，流动相组成包括 60%的甲醇/乙腈[1∶1（体积比），0.1%乙酸]混合液，40%的 Milllpore 水（0.1%磷酸）。进样量为 20 μL，进样前样品经 0.45 μm 微孔滤膜过滤。CBZ 和 DFC 的量限测定采用外标法，浓度线性范围在 0.1~1.0 mg/L，相关系数 R^2=0.9997。CBZ 和 DFC 的定量检测限（limit of quantitation，LOQ）为 0.1 mg/L，方法检测限（method detection limit，MDL）为 0.1 μg/L。

LC-MS/MS 分析在 TSQ quantum 高效液相色谱仪（美国赛默飞世尔科技公司）连接质谱检测器上完成。样品分离采用的色谱柱为安捷伦 Eclipse XDB C$_{18}$ 反相色谱柱（150 mm×2.1 mm i.d.，5 μm），流动相流速为 0.35 mL/min。流动相 A 相为甲醇，B 相为 0.1%乙酸/水。进样量为 10 μL，柱温为 30℃。检测过程采用梯度洗脱，其中有机相 A 相的变化为：75%保持 5 min，并于 5 min 内增加到 90%，继续保持 5 min，接着 5 min 内降低到 75%，保持 5 min。质谱检测模式为阴离子模式选择反应检测（SRM）。双氯芬酸的第一 SRM 检测条件为 m/z：294→214。双氯芬酸的第二 SRM 检测条件为 m/z：294→249。DFC 的量限测定采用外标法，由信噪比计算的检测限为 3~5 ng/L。

3.1.3　DFC-MIP 的制备

准确称取 200 mg（0.67 mmol）DFC 和 0.270 mL（2.56 mmol）功能性单体 2-VP 置于 250 mL 具塞螺口玻璃瓶中，然后加入 60 mL 致孔剂甲苯，轻轻摇匀；将 2.62 mL（13.88 mmol）交联剂 EGDMA 和 40 mg（0.24 mmol）引发剂 AIBN 添加到上述溶液。将得到的混合反应溶液超声 15 min，在冰浴条件下向反应液中通入氮气 5 min 以除去溶解的氧气和玻璃瓶上方空气中微量的氧气，最后将瓶口密封。将反应容器置于水浴锅中，使温度在 2 h 之内缓慢地从室温升至 60℃，并在 60℃ 的条件下恒温热聚合 24 h。待聚合反应完全后，将生成的 MIP 颗粒置于甲醇/乙酸

[9∶1（体积比）]混合液中超声萃取 20 min，以除去模板分子，该程序重复数次直到滤出液中检测不到模板分子；然后再将去除模板的颗粒物在甲醇溶液中萃取 10 min（重复三次），以去除颗粒物中残留的乙酸，再将此混合物转入离心机中以 2000 r/min 的转速离心 5 min，使固液分离；最后将得到的 MIP 颗粒在 60℃条件下真空干燥备用。作为对比实验，除了不加印迹分子（DFC）以外，非印迹聚合物的合成步骤同上。

3.1.4　DFC-MIP 键合特性研究

采用平衡吸附实验评价印迹材料识别特性。吸附热力学：称取 10 mg MIP 和 NIP 各 10 份，置于 20 个 10 mL 的带塞锥形瓶中，分别加入 5 mL 浓度为 300 mg/L、350 mg/L、400 mg/L、450 mg/L、500 mg/L、600 mg/L、650 mg/L、700 mg/L、800 mg/L、1000 mg/L 的 DFC 水溶液，静态吸附 2 h，将样品溶液离心分离并用 5 mL 注射器下接微孔滤膜（Φ=0.3 μm）过滤，然后用液相色谱仪测量平衡吸附液中 DFC 的游离浓度，吸附容量（Q）通过初始浓度和平衡时的自由浓度的差值计算。同时，最大键合量（Q_{max}）和解离系数（K_d）通过斯卡查德方程计算，斯卡查德方程如下：

$$\frac{Q}{C_{free}}=\frac{(Q_{max}-Q)}{K_d} \tag{3.1}$$

式中，Q 为单位干重 MIP 上吸附到的 DFC 质量，mg/g；Q_{max} 为单位干重 MIP 上吸附 DFC 的最大质量，mg/g；C_{free} 为吸附平衡时溶液中 DFC 的自由浓度，mg/L；K_d 为吸附位点的平衡解离系数。

吸附动力学：将 10 mg MIP 分别装入 10 mL 的带塞锥形瓶中，然后分别注入 5 mL 浓度为 300 mg/L 的 DFC 水溶液。将这些样品保持在室温下（约 25℃），置于恒温振荡器上，静态吸附不同的时间。然后定时取出锥形瓶，先用 5 mL 注射器下接微孔滤膜（Φ=0.3 μm）过滤，取滤液进样 HPLC 检测，实验重复三次。

3.1.5　MISPE 萃取柱的制备和萃取过程

称取 35 mg MIP 或 NIP 颗粒装入 SPE 空柱（63 mm×9 mm）中，柱的两端分别装入 PTFE 筛板（孔径 20 μm，深圳逗点生物科技有限公司），将制好的 MISPE 小柱置于 4℃干燥环境中保存备用。应用时，以 0.1 mL/min 的流速依次加入 5 mL 甲醇和 5 mL 去离子水，对 MISPE 柱进行活化。

条件优化实验：加入 3 mL 0.5 mg/L DFC 标准溶液，以 1 mL/min 流过 MIP（或 NIP）固相萃取柱，氮气真空抽干 20 min；然后加入 2 mL 乙腈/水[40∶60（体积比）]

溶液淋洗，再用 2 mL 甲醇/乙酸[9∶1（体积比）]溶液洗脱。收集的淋洗液和洗脱液混合后，在氮气保护下吹至近干并用甲醇定容至 1 mL，HPLC 分析。

3.1.6　实际水体中 DFC-MIP 的应用研究

地表水水样取自上海沙泾港河，污水取自上海曲阳污水处理厂出水。取样时间均为 2011 年 5 月，样品应用前均用滤纸过滤除去悬浮固体。自来水取自实验室。

固相萃取柱先依次加入 5 mL 甲醇和 5 mL 去离子水进行活化，然后取 1000 mL 水样，氮气真空抽干 20 min 后，加入 2 mL 乙腈/水[40∶60（体积比）]溶液淋洗，再用 2 mL 甲醇/乙酸[9∶1（体积比）]溶液洗脱。收集的淋洗液和洗脱液混合后，在氮气保护下吹至近干并用甲醇定容至 1 mL，HPLC 分析。

3.2　结果与讨论

3.2.1　DFC-MIP 的键合特性

本章通过键合性能的研究描述了 MIP 和 NIP 的吸附行为，结果如图 3.1 所示。从图 3.1（a）可以看出，MIP 和 NIP 对 DFC 的键合量都随 DFC 初始浓度的增加而增加，但是 MIP 整个吸附过程的吸附量均远高于 NIP。这可能是在合成过程中的静电使得功能性单体和 DFC 有序地结合，然后在聚合的过程中得到固定；去除模板物质之后印迹孔就随之形成，该印迹孔通过其自身的多重点静电和形状弥补作用具有再识别模板物质的功能。相比之下，NIP 合成过程中功能性单体的随机分配导致了非印迹聚合物比印迹聚合物具有较低的特异性键合性能，这也从另一方面证明了通过印迹反应成功的合成产生了专性键合位点。吸附动力学曲线同样表明 MIP 对水溶液中的 DFC 具有更好的亲和性。MIP 在 120 min 内吸附了超过 90% 的 DFC，且在 15 min 时，吸附基本上达到了平衡。与此相比，在同一时间段 NIP 对 DFC 的吸附却低于 20%。MIP 和 NIP 的 Scatchard 曲线如图 3.1（b）所示，两者都是直线，这说明 MIP 和 NIP 键合位点的吸附是均质的。在 Liu 等使用的沉降法合成金鸡纳啶印迹聚合物的研究中也得到了相似的 Scatchard 曲线[16]。从 Scatchard 曲线可以计算出 MIP 的 Q_{max} 为 324.8 mg/g（1.09 mmol/g），相应的 NIP 的 Q_{max} 为 45.2 mg/g。该结果表明 MIP 的最大键合量约为 NIP 的 7 倍。此外，DFC 和 DFC-MIP 的解离系数 K_d 仅为 3.99 mg/L，NIP 的解离系数 K_d 为 434 mg/L，这从另一方面说明了 MIP 具有较强的键合性能。相对采用本体聚合法合成 DFC-MIP 的研究结果[14]，本研究 MIP 的吸附量提高了大约 10 倍。促成高吸附量的结果可能与合成方法有很大的关联，沉降聚合法得到的微球体粒径分布均一，为进一步键合提供了良好的表面结构而且提高了有效识别位点的数量。

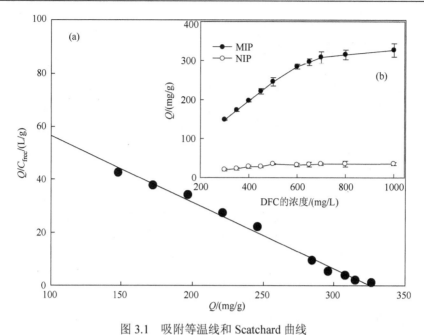

图 3.1　吸附等温线和 Scatchard 曲线

（a）MIP 和 NIP 对 DFC 的吸附等温线；（b）MIP 的 Scatchard 曲线

DFC-MIP 的扫描电镜图如图 3.2 所示，其表面为孔状结构。由氮气吸附实验可得，DFC-MIP 的比表面积、孔体积和孔径分别为 57.18 m^2/g、0.33 cm^3/g 和 24.13 nm。较短的反应时间内达到了吸附平衡且达到了较高的吸附量表明沉降聚合法合成的 MIP 对富集水体中的污染物有着很好的应用前景。

图 3.2　MIP 的电镜扫描图

3.2.2 MISPE 萃取过程优化

MIPs 的分子识别原理是基于目标分子和聚合物功能单体的氢键结合作用，而氢键作用往往发生在极性溶剂中。在 MIPs 吸附目标分子的反应体系中，专一氢键结合作用得到强化，非选择性的氢键作用得到抑制。然而，非特异性氢键吸附作用经常存在于 MIPs 的水溶液吸附过程中，因此水样中的多种化合物就会吸附于 MIP 填料上。为了避免非特异性吸附的化合物对目标分子的影响，在分析过程中通常采用淋洗的方式。淋洗具有至关重要的作用，淋洗液可破坏干扰物质与 MIP 之间的非特异性作用，从而使目标分析物与结合位点的特异性吸附作用最大化[17]。因此，淋洗溶剂必须能洗出非选择性吸附的物质，同时保留 MIPs 选择性吸附的物质。通过对比 MIP 和 NIP 固相萃取柱的吸附性能，可很好地评价淋洗步骤的有效性及 MIP 颗粒的印迹效果。一些非极性溶剂（如甲苯和氯仿）、极性非质子性溶剂（如二氯甲烷和乙腈）与极性质子性溶剂（如甲醇）的淋洗效果得到了验证。在淋洗过程中，非特异性结合到聚合物上的 DFC 将被洗出，而部分 DFC 由于特异选择性吸附作用而被保留在聚合物上。尽管乙腈不能将 NIP 吸附的 DFC 完全洗出，但研究结果表明乙腈是最有效的淋洗溶剂。相反，甲醇虽然能有效地去除 NIP 非特异性结合的 DFC，但甲醇较强的洗脱能力同时破坏了 MIP 与模板分子间的特异性吸附作用。因此，本章选择乙腈为洗脱溶剂（图 3.3）。采用 2 mL 淋洗液时，NIP 柱上吸附的 45% DFC 被洗脱出来，而 MIP 柱结合的 DFC 未被洗出。当乙腈体积增大到 5 mL 时，NIP 柱上吸附的 DFC 被更多地洗脱出来，但未超过 65%。鉴于此，本章通过向乙腈中加入不同体积分数的去离子水来增加淋洗液的极性，考察了乙腈/水[10∶90，20∶80，30∶70，50∶50，55∶45，60∶40（体积比）]混合溶液作为淋洗液的清洗效果。MIP 和 NIP 柱的上样溶液均为 3 mL 0.5 mg/L 的 DFC 标准溶液。通过淋洗后，MIP 和 NIP 萃取柱均采用 2 mL 甲醇/乙酸[9∶1（体积比）]混合液洗脱，收集淋洗液和洗脱液后进行后续分析。通过淋洗，非特异性结合到聚合物上的 DFC 将被洗出，而特异性结合的 DFC 将被保留在聚合物上。为了消除非特异性作用的干扰，本章同样对 NIP 采用模板定量洗脱。2 mL 含不同体积分数的乙腈水溶液对 MIP 和 NIP 萃取柱的淋洗效果见图 3.3。实验结果表明，随着淋洗液中乙腈浓度的增加，NIP 萃取柱淋洗液中 DFC 的浓度逐渐增加，当淋洗液中乙腈体积占 40% 时，NIP 萃取柱上的 DFC 被完全洗出。当淋洗液中乙腈体积低于 50% 时，DFC 可有效地保留在 MIP 萃取柱上。但是，当乙腈体积超过 50% 时，由于 DFC 与吸附位点之间的特异性吸附作用受到破坏，保留在 MIP 萃取柱上的 DFC 被大量洗出[18]。淋洗液体积对 MISPE 萃取效果的研究表明，淋洗溶液的最佳体积为 1.5~2 mL。因此，本章采用 2 mL 乙腈/水[40∶60（体积比）]溶液作为分离和萃取实验的淋洗溶液。

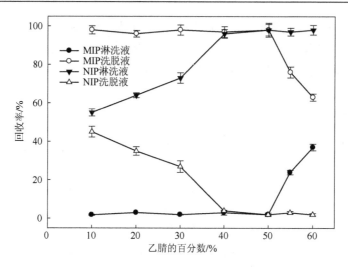

图 3.3　不同乙腈/水比例条件下对淋洗液和洗脱液中 DFC 的回收率

对 MIP 萃取柱淋洗后，以 5 mL 甲醇/乙酸[9∶1，（体积比）]溶液为洗脱液，每次加载 1 mL，研究洗脱效果。每 1 mL 洗脱液的回收率单独计算。实验结果表明 2 mL 洗脱液可有效洗脱出 MIP 萃取柱上的 DFC。

穿透体积是确定 MIP 吸附床层在给定的水力条件下最大上样体积的重要因素[17]。本章采用五种不同体积 DFC 加标水样（100 mL、300 mL、500 mL、700 mL 和 1000 mL，加标浓度为 5 μg/L）来评价 MISPE 的穿透体积。MISPE 萃取柱上样后，加入 2 mL 乙腈/水[40∶60（体积比）]溶液淋洗，2 mL 甲醇/乙酸[9∶1，（体积比）]溶液洗脱。如图 3.4 所示，当上样体积为 1000 mL 时，MISPE 仍可达到较高的回收率（＞95%）。

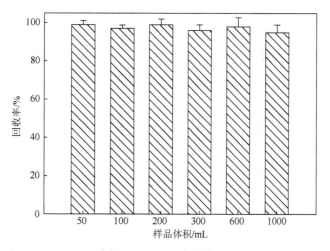

图 3.4　MISPE 穿透体积

实验结果表明，沉淀聚合法合成的 MIP 对目标分析物可取得较高的回收率，尤其适用于大体积溶液中 DFC 的富集，与研磨筛分得到的 DFC-MIP 相比（上样体积为 200 mL 时，回收率为 96%）优势显著[14]。

3.2.3 基质影响

环境样品复杂，影响因素多，将 MISPE 直接应用于环境水样中目标污染物的萃取，也许会影响 MISPE 的萃取效果和使用寿命[17]。因此，研究样品基质对 MISPE 柱富集目标分析物的影响显得非常重要。本小节通过对比 MISPE 对不同加标水体（去离子水、自来水、河水、污水）中 DFC 的富集效果，同时开展商业 SPE C_{18} 萃取柱（ENVI）的对比实验，评估了样品基质对 MISPE 的影响。ENVI-18 萃取柱首先依次用 5 mL 甲醇和 5 mL Millipore 水活化，加载样品后，加入 2 mL 含 5% 甲醇的水溶液淋洗，氮气状态真空干燥后，加入 6 mL 甲醇洗脱[19]。溶剂去除和残留分析与 MISPE 处理过程相同。结果如图 3.5 所示，MISPE 对不同实际水体中 DFC 的回收率基本相同，而 ENVI-18 柱的 DFC 回收率由 89%（去离子水）降低到 74%（污水）。该结果表明对含有复杂基质的水体样品，采用 MISPE 分离富集 DFC 是可行的。

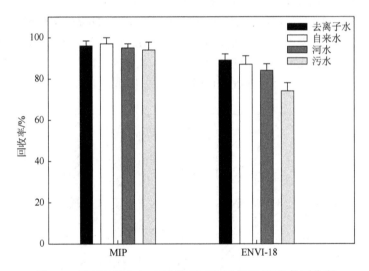

图 3.5　不同基质中 MISPE 和 ENVI-18 柱对 DFC 的回收率

3.2.4 MISPE 萃取柱的吸附选择性

由于 CBZ 和 DFC 的分子结构有一定的相似性且两者均为水体中难降解物质，本小节选取 CBZ 作为 DFC-MIP 选择性吸附 DFC 的竞争性化合物。分别向 MISPE

和 NIP 萃取柱中加入 3 mL 浓度为 0.5 mg/L 的 DFC/CBZ 混合液，用 HPLC 分别检测淋洗液和洗脱液中 DFC、CBZ 的浓度，结果如图 3.6 所示。由图 3.6 可以看出，淋洗之后，吸附于 NIP 萃取柱上的 DFC 和 CBZ 被完全洗出（洗脱溶剂中 DFC、CBZ 的回收率均为 0，淋洗溶剂中 DFC、CBZ 的回收率分别为 98%和 97%），吸附于 MIP 萃取柱上的 DFC 被保留下来，MIP 洗脱液中 DFC 的回收率为 96.1%，而 CBZ 在 MIP 柱淋洗之后完全被洗出（淋洗溶液和洗脱溶液中 CBZ 的回收率分别为 95.7%和 0）。实验结果表明 MIP 对 DFC 具有很高的专一识别性。MIP 吸附材料的选择特性为降低结构类似物的干扰提供了一条有效的途径。DFC-MIP 之所以具有专性识别 DFC 的特异性，是由于 MIP 本身存在固定大小和形状的记忆孔、键合位点、模板分子和键合位点的专性键合反应等。而 CBZ 和 DFC-MIP 之间没有像 DFC 和 DFC-MIP 那么强的键合力，主要是因为 CBZ 本身的分子大小空间结构和印迹聚合物的印迹孔不匹配，另外 CBZ 的官能团和聚合物记忆点的功能位不够吻合，从而导致了 CBZ 在 DFC-MIP 上没有专性键合作用发生[20, 21]。正如 Turner 等[22]所指出的一样，对再键合过程来说，键合孔的形状和官能团自身的分配很可能是同等重要的。然而，模板分子和键合位点之间相互作用的强度也决定着 MIP 的选择性[23]。

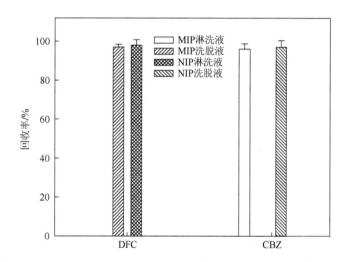

图 3.6　MISPE 和 NIP 柱对淋洗液和洗脱液中 DFC 和 CBZ 的回收率

3.2.5　MISPE 萃取柱的稳定性

与其他吸附材料相比，MIP 较高的物理和化学稳定性是其作为污水处理工艺经济实用的重要因素。从图 3.7 可以看出，DFC-MIP 在被甲醇/乙酸[9∶1（体积比）]混合液处理过之后可以再生回用，该分子印迹聚合物反复使用 30 次之后印迹能力也未发生衰减，表明制备出的分子印迹聚合物作为 SPE 填料具有很好的稳定性。

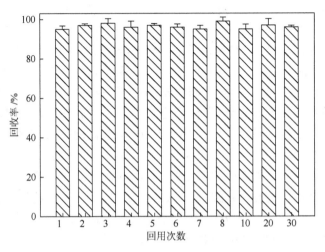

图 3.7　MISPE 的稳定性

　　印迹分子被高度嵌入聚合物内部，在富集目标污染物以前，很难有效地完全去除 MIP 上的模板分子。因此，当目标污染物为模板分子时，MISPE 柱解吸过程中模板泄漏及其对目标污染物定量分析的影响是常见的问题。本小节中，模板泄漏问题仅发生在聚合物第一次使用时，在 MISPE 柱上样之前用 6 mL 甲醇淋洗可很好地避免模板泄漏的问题。另外，在后续 MISPE 柱使用时，并未发现模板泄漏问题，或许是由于泄漏的 DFC 量低于仪器检测限。

3.2.6　MISPE 在实际水样中的应用

　　通过对实际环境样品的分析，将建立的 MIP-HPLC-DAD 分析方法对实际水样中 DFC 的检测结果与 LC-MS/MS 的检测结果进行对比，评估了 DFC-MIP 用于实际水样中 DFC 分离的可行性。地表水和污水水样中 DFC 的回收率均高于 94%。污水厂进水、出水中 DFC 的浓度分别为（0.69 ± 0.002）μg/L 和（0.31 ± 0.004）μg/L。与之对应的 LC-MS/MS 的分析结果为 0.63 μg/L 和 0.29 μg/L，与 MIP-HPLC-DAD 检测结果符合。因此，实验结果表明 MIP 可应用于环境水样中低浓度 DFC 的分离。

3.3　小　　　结

　　本章以 DFC-MIP 为萃取柱填料，连接 HPLC-UV 分析，对固相萃取痕量物质的富集步骤进行了优化。与商业 C$_{18}$ 萃取柱相比，MISPE 柱的萃取效果并未受到不同水样基质的影响，且 MISPE 具有较高的选择性和稳定性，使得其在应用时相对于传统 SPE 表现出了很大的优势。DFC-MIP 连接 HPLC-UV 可成功地应用于污水厂进水、出水中 DFC 的检测，且检测结果与高选择性、高灵敏度的 LC-MS/MS 检测结果吻合。因此，该结论表明 MIP 可用于富集水样中的 DFC。

参 考 文 献

[1]　García-Galán M J, Díaz-Cruz M S, Barceló D. Determination of 19 sulfonamides in environmental water samples by automated on-line solid-phase extraction-liquid chromatography-tandem mass spectrometry (SPE-LC-MS/MS). Talanta, 2010, 81 (1-2): 355-366.

[2]　Rodil R, Quintana J B, López-Mahía P, et al. Multi-residue analytical method for the determination of emerging pollutants in water by solid-phase extraction and liquid chromatography-tandem mass spectrometry. Journal of Chromatography A, 2009, 1216 (14): 2958-2969.

[3]　Trenholm R A, Vanderford B J, Snyder S A. On-line solid phase extraction LC-MS/MS analysis of pharmaceutical indicators in water: A green alternative to conventional methods. Talanta, 2009, 79 (5): 1425-1432.

[4]　Ferrer I, Barceló D. Validation of new solid-phase extraction materials for the selective enrichment of organic contaminants from environmental samples. Trac Trends in Analytical Chemistry, 1999, 18 (3): 180-192.

[5]　Anderson R A, Ariffin M M, Cormack P A G, et al. Comparison of molecularly imprinted solid-phase extraction (MISPE) with classical solid-phase extraction (SPE) for the detection of benzodiazepines in post-mortem hair samples. Forensic Science International, 2008, 174 (1): 40-46.

[6]　Chassaing C, Stokes J, Venn R F, et al. Molecularly imprinted polymers for the determination of a pharmaceutical development compound in plasma using 96-well MISPE technology. Journal of Chromatography B, 2004, 804 (1): 71-81.

[7]　Koohpaei A R, Shahtaheri S J, Ganjali M. R, et al. Optimization of solid-phase extraction using developed modern sorbent for trace determination of ametryn in environmental matrices. Journal of Hazardous Materials, 2009, 170 (2-3): 1247-1255.

[8]　Feng Q Z, Zhao L X, Yan W, et al. Molecularly imprinted solid-phase extraction combined with high performance liquid chromatography for analysis of phenolic compounds from environmental water samples. Journal of Hazardous Materials, 2009, 167 (1-3): 282-288.

[9]　He C, Long Y, Pan J, et al. Application of molecularly imprinted polymers to solid-phase extraction of analytes from real samples. Journal of Biochemical and Biophysical Methods, 2007, 70 (2): 133-150.

[10]　Puoci F, Garreffa C, Iemma F, et al. Molecularly imprinted solid phase extraction for detection of sudan I in food matrices. Food Chemistry, 2005, 93 (2): 349-353.

[11]　Beltran A, Marcé R M, Cormack P A G, et al. Selective solid-phase extraction of amoxicillin and cephalexin from urine samples using a molecularly imprinted polymer. Journal of Separation Science, 2008, 31 (15): 2868-2874.

[12]　Jing T, Wang Y, Dai Q, et al. Preparation of mixed-templates molecularly imprinted polymers and investigation of the recognition ability for tetracycline antibiotics. Biosensors and Bioelectronics, 2010, 25 (10): 2218-2224.

[13]　Zorita S, Boyd B, Jönsson S, et al. Selective determination of acidic pharmaceuticals in wastewater using molecularly imprinted solid-phase extraction. Analytica Chimica Acta, 2008, 626 (2): 147-154.

[14]　Sun Z, Schüssler W, Sengl M, et al. Selective trace analysis of diclofenac in surface and wastewater samples using solid-phase extraction with a new molecularly imprinted polymer. Analytica Chimica Acta, 2008, 620 (1-2): 73-81.

[15]　Pan G，Zu B，Guo X，et al. Preparation of molecularly imprinted polymer microspheres via reversible addition-fragmentation chain transfer precipitation polymerization. Polymer，2009，50（13）：2819-2825.

[16]　Liu Y，Hoshina K，Haginaka J. Monodispersed，molecularly imprinted polymers for cinchonidine by precipitation polymerization. Talanta，2010，80（5）：1713-1718.

[17]　Zhu Q Z，Degelmann P，Niessner R，et al. Selective trace analysis of sulfonylurea herbicides in water and soil samples based on solid-phase extraction using a molecularly imprinted polymer. Environmental Science and Technology，2002，36（24）：5411-5420.

[18]　Jiang T，Zhao L，Chu B，et al. Molecularly imprinted solid-phase extraction for the selective determination of 17[beta]-estradiol in fishery samples with high performance liquid chromatography. Talanta，2009，78（2）：442-447.

[19]　Peng X，Yu Y，Tang C，et al. Occurrence of steroid estrogens，endocrine-disrupting phenols，and acid pharmaceutical residues in urban riverine water of the Pearl River Delta，South China. Science of the Total Environment，2008，397（1-3）：158-166.

[20]　An F，Gao B，Feng X. Adsorption and recognizing ability of molecular imprinted polymer MIP-PEI/SiO$_2$ towards phenol. Journal of Hazardous Materials，2008，157（2-3）：286-292.

[21]　Li Y，Li X，Dong C，et al. Selective recognition and removal of chlorophenols from aqueous solution using molecularly imprinted polymer prepared by reversible addition-fragmentation chain transfer polymerization. Biosensors and Bioelectronics，2009，25（2）：306-312.

[22]　Turner N，Piletska E，Karim K，et al. Effect of the solvent on recognition properties of molecularly imprinted polymer specific for ochratoxin A. Biosensors and Bioelectronics，2004，20（6）：1060-1067.

[23]　Liu Y，Wang F，Tan T，et al. Study of the properties of molecularly imprinted polymers by computational and conformational analysis. Analytica Chimica Acta，2007，581（1）：137-146.

第4章 环境样品中PhACs多模板分子印迹固相萃取分析方法的建立

　　由于环境中药物的残留会潜在改变动物和人类正常的内分泌功能和生理功能，因此引起了环境研究人员的极大关注。其中，酸性药物在水环境中检出频率最高，如非甾体抗炎药和氯酸钡[1-3]。世界范围内的不同地区都有不同程度的检出，酸性药物不能被污水处理厂有效去除，由于其独特的物化特性，会释放到地表水等水体中，尽管目前检出的酸性药品的环境浓度是在 ng/L 到 μg/L，但是它们在人类和野生动物繁殖过程中的影响是不可忽略的。为了评估这些化合物的生态风险，检测环境中酸性药物的赋存状况是必需的。

　　目前一些用于环境样品中的酸性药物浓度的定量分析方法已经建立起来，涉及的环境介质包括污废水、地表水和沉积物等。液相色谱法与荧光检测器、串联质谱法或紫外检测器等已经被应用在了这些研究中。基质的复杂性和酸性药物低浓度的特点、淋洗和洗脱等关键步骤的优化都已有不同程度的研究。基质的复杂性通常通过改善固相萃取柱来提高对目标物的分离精度，如选用亲水性-亲脂性聚合物、阳离子交换吸附材料等。但是，这些吸附材料通过反向萃取、阴离子交换保留主要分析物的非特异性，而且，高基质浓度一定会影响到吸附材料的性能，同时导致固相萃取材料的频繁更换。因此，增加固相萃取材料的吸附选择性、发展新的高效净化技术是检测分析复杂环境中污染物的极具吸引力的分析方法。

　　近些年来，分子印迹聚合物（MIPs）发展迅速，基于它们独特的印迹和识别特性，已经被更多地应用到富集和分离各种复杂环境介质中的目标污染物。据已有的报道，只有很少的文献研究了基于酸性药物为模板物质的MIPs。例如，氟芬那酸作为模板分子来同时测定河流水样中的四种 NSAIDs 药物。Zorita 等用商业的 MIPs 来测定废水中四种选择性的酸性药物。在前期的研究中，双氯芬酸MIPs 能够有选择地富集水体中低浓度的双氯芬酸[4]。但是，在这项研究中分子印迹聚合物的模板物质采用的是单模板分子印迹聚合物，而该分子印迹聚合物对其他有机污染物不具有较高的亲和力和选择性[5]。因此，建议采用多种污染物为模板物质，在分子印迹聚合物中形成多识别特性的印迹空穴，合成的多模板印迹聚合物对多种目标污染物具有较高的识别特性。这种多模板分子印迹聚合物不仅为环境样品中多种物质的富集提供了好的技术方案，也为实现高精度分析检测提供了可能[6, 7]。

本章采用酸性药物混合物[布洛芬（IBP）、萘普生（NPX）、酮洛芬（KEP）、双氯芬酸（DFC）和氯贝酸（CA）]为模板物，合成多模板分子印迹聚合物，因此我们可从假设合成的多模板分子印迹聚合物中形成对模板物质具有特异选择性的印迹空穴。本工作的主要目标如下：①评价多模板 MIP 作为吸附材料从环境样品中富集、分离及检测的潜在优势，并和常规吸附材料（如 C_{18}）进行比较；②将合成的多模板分子印迹聚合物应用于复杂的实际水体样品，并评估共存基质的影响。

4.1　实验材料与方法

4.1.1　药剂

布洛芬（ibuprofen，IBP，纯度（余同）＞99%）、萘普生（naproxen，NPX，＞99%）、酮洛芬（ketoprofen，KEP，＞99%）、双氯酚酸（diclofenac，DFC，＞97%）、氯贝酸（clofibric acid，CA，＞99%）、非诺洛芬（fenoprofen，FEP，＞99%）、甲芬那酸（mefenamic acid，MA，＞99%），乙烯基吡啶（2-vinylpyridine，2-VP）、乙二醇二甲基丙烯酸酯（ethylene glycol dimethacrylate，EGDMA）、甲醇、乙腈（为 HPLC 级，Tedia Company，Inc. USA）、偶氮二异丁腈（2，2′-azobisiso butyronitrile，AIBN）、甲苯均购自美国 Sigma 公司，乙酸、氯仿和甲酸购自 Merck 公司（达姆施塔特，德国）。AIBN 在使用之前要在甲醇中重结晶。丙酮、甲醇色谱纯试剂购自上海 Sigma-aldrich 公司，其他试剂购自上海国药集团化学试剂有限公司，实验用水为去离子水和 Millipore 水。五种目标 PhACs 化合物的化学结构如图 4.1 所示。

将五种目标 PhACs（50 mg/L）的标准储备液分别配制在 Millipore 水中，并储备在棕色容量瓶中，置于冰箱中 4℃保存备用。取一定量标准储备溶液，用对应的配制溶剂分别稀释至不同浓度的混合标准工作液，置于冰箱中 4℃保存，工作液每周更换一次。

4.1.2　样品采集

地表水水样及沉淀物取自上海淀山湖，废水样品采自上海一家污水处理厂出水。所有的水样经醋酸纤维素过滤器过滤以去除杂质。萃取前加入 200 ng 涕丙酸作为回收率指示物。

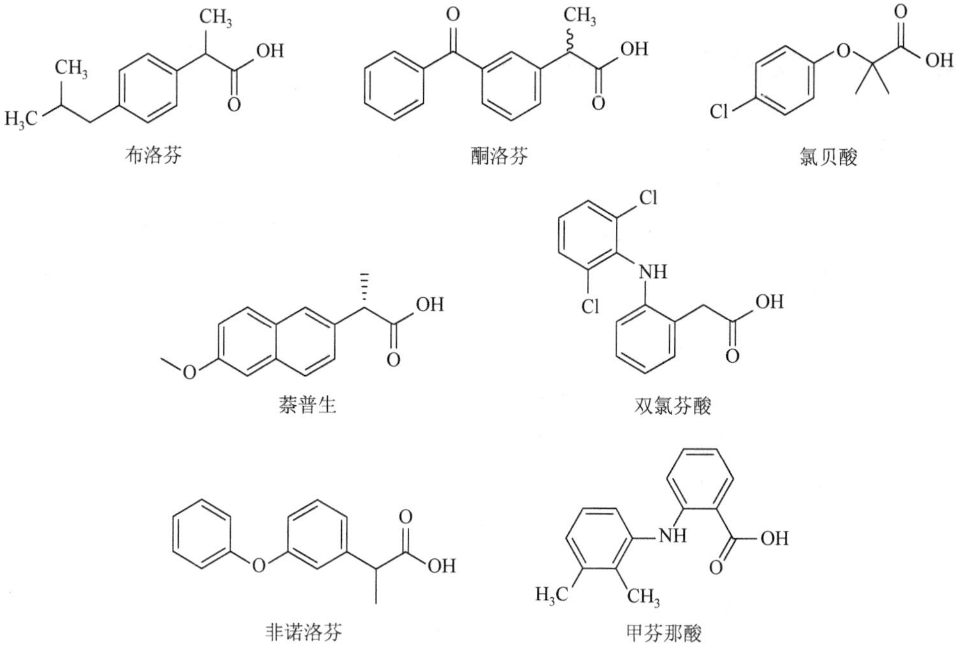

图 4.1 酸性药物的化合物结构

4.1.3 MIP 制备及色谱评价

MIP 合成包括两个连续的沉淀聚合过程，在第一步反应过程中，1.5 mL 的 EGDMA 与 20 mg 的 AIBN 混合于一个 300 mL 的带有螺旋盖的玻璃瓶中，然后加入 50 mL 甲苯。在反应之前，这种混合物在氮气环境下脱氧，然后放在 60℃的水浴摇床中 8 h。第二步，酸性药物混合物（0.2 mmol 每种药物）、2-VP（0.25 mL，2.37 mmol）、EGDMA（1.12 mL，5.9 mmol）和 AIBN（20 mg，0.12 mmol）溶解在 50 mL 乙腈甲苯的等体积混合液中，在同一个反应瓶中混合，然后用氮气环境脱氧 10 min，然后混合物一同放进水浴摇床中。提取物用索氏提取法提取，萃取剂用甲醇/乙酸的 9∶1 混合液。该程序反复进行多次，直到滤液中检测不到样品。萃取后的聚合物在真空 60℃下干燥，以备后续实验使用。对应的非印迹聚合物采用同样的制备方法，只是没有添加模板物质。

MIP 和 NIP 在氯仿/甲醇（80∶20）的混合液中实现液相柱的装填，通过 Agilent 1200 对目标物的分析检测，对 MIP 液相柱的性能进行评估。高效液相色谱法配有二极管阵列检测器的高效液相色谱系统。流动相为乙腈/甲醇（95∶5），流速为 1 mL/min。UV 检测波长为 230 nm，柱温设定在 20℃下。丙酮被用到空体积标记，每个分析物的保留因子（K）为 $K=(t-t_0)/t_0$ 时，其中 t 和 t_0 为被分析物的保留时间和空隙标记（丙酮），分别计算。空白标记 MIP 和 NIP 的洗脱时间分别为 0.7min 和 0.62min。

4.1.4　MISPE 柱的制备和 MISPE 程序

将 15 mg 的 MIP 在 1.0 mL 甲醇中形成的浆液注入一个空的 SPE 柱（63 mm×9 mm），PTFE 为筛板（孔径为 20μm，深圳市的 Comma 生物技术有限公司，中国），放置于吸附床的上方和下方。样品加载前对 MISPE 进行活化，用 3 mL Millipore 水和 3 mL 甲醇。作为对照，用同样的方法制备一个空的 MIP 萃取柱。

在条件优化实验阶段，5 mL 50 mg/L 的酸性药物加载到萃取柱上。萃取柱用氮气干燥 20 min，然后用 2 mL 的 DCM/ACN［94：6（体积比）］洗涤。保留在柱中的分析物用 2 mL 甲醇/乙酸［9：1（体积比）］混合液洗脱，在温和的氮气流下的干燥。残余物重新溶解在 1 mL 甲醇中，并在 LC-MS/MS 上分析。

4.1.5　LC-MS/MS

LC-MS/MS 分析在高效液相色谱-串联质谱检测系统（HPLC-MS/MS，API4000，Applied Biosystems，Thermo Fisher Scientific，San Jose，CA，USA）上完成。样品分离采用的色谱柱为安捷伦 Eclipse XDB C_{18} 反相色谱柱（150 mm×2.1 mm i.d.，5 μm），流动相流速为 0.35 mL/min。流动相 A 相为甲醇，B 相为 0.1%乙酸水。梯度洗脱程序为：75%A 保持 5 min，然后在 5 min 内将 A 线性增加至 90%并保持 5 min，随后在 5 min 内降低 A 至 75%，保持 5 min。流速：350 μL/min；进样体积：10 μL；柱温：30℃。质谱离子源为 ESI 源，采用负离子模式，碰撞气和气帘气为 N_2。采用多反应检测方式（MRM）进行分析，选择母离子和一两个特征离子为检测离子对，结合不同的保留时间对酸性药物进行定性。表 4.1 列出了目标药物的质谱参数。采用外标法定量，CA 的检测限（LOD）为 2 ng/L，其他四种目标药物的 LOD 为 5 ng/L。

表 4.1　目标药物的质谱参数

化合物	母离子（m/z）	子离子（m/z）	碰撞能量/eV
KEP	252.9	209	10
NPX	228.9	170/185	10
CA	212.9	85/127	10
DFC	294	214/249	10
IBP	205	161/175	20

4.2 结果与讨论

4.2.1 MIP 的液相色谱评价

色谱评估用以评价 MIP 的特性。为此，将 MIP 填充柱和 NIP 填充柱对五种酸性药物的色谱行为进行了研究，色谱评价的结果如表 4.2 所示。从表 4.2 中可以看出，通过对比模板分子在 MIP 和 NIP 上的保留因子，清晰地表明分析物与两种吸附材料作用强弱的巨大差异。MIP 对分析物较强的保留性源于其专性高键合吸附位点，而 NIP 的吸附只是通过非专性作用的，这种作用很容易被含有低剂量的极性溶剂（如甲醇）洗脱出来。3.5~7.6 的高印迹因子表明印迹过程的成功。

表 4.2 MIP 的液相色谱评价

化合物	MIP 的保留因子	NIP 的保留因子	印迹因子（IF）
KEP	17	4.8	3.5
NPX	15.7	3.3	4.8
CA	25	6.1	4.1
DFC	23.3	4.5	5.2
IBP	17.5	2.3	7.6

4.2.2 MISPE 程序的优化

大部分 MIP 的分子识别机制基于模板和聚合物的氢键作用，这种作用通常发生于质子惰性的和低极性有机溶剂的，在分子印迹的合成过程中，它们通常被用作致孔剂[8]。在这些系统中，专性的氢键作用是稳定的，而非特异性相互作用如离子和疏水受到抑制。因此，直接用 MIP 从水样中提取分析物一般是不可能的，因为在含水条件下，分析物主要保留的是非特异性相互作用（如离子作用和疏水作用）[9]。为了使分析物与 MIP 之间产生特异性相互作用，同时避免 MIP 和实际样品中极性基质组分的非专性作用，在萃取之前采用淋洗步骤是非常有必要的。在淋洗步骤中通过破坏 MIP 与干扰物之间的作用，使可与 MIP 特异性结合的分析物被保留，这样可使目标分析物在后续的洗脱步骤中得以高效定量回收。

以氯仿、二氯甲烷、乙腈和甲醇作为对比溶剂，研究了淋洗剂的优化条件。首先在 MIP 空柱上加载酸性药物，再分别加载 2 mL 淋洗剂。对淋洗流出物进行收集和分析，结果如图 4.2 所示。从图中可以看出经氯仿淋洗过的 NIP 填充柱中，大部分的酸性药物未被淋洗出。因此，低极性有机溶剂（氯仿）不能够干扰 MIP 和分析物的非专性键合作用。相反，通过非专性吸附在 NIP 上的酸性药物能有效地被甲醇去除。然而，淋洗阶段分析物和 MIP 的专性作用受极性溶剂的干扰。当用乙腈为淋洗剂时观察到了相似的现象。据报道，酸性药物可以和 2-VP 形成氢键，并且这些键合作用受极性溶剂的干扰。然而当使用二氯甲烷为淋洗剂时，观察到了不同的结果[10]。在这一过程中，吸附在 NIP 填充柱上的目标酸性药物有 46.6%～64.8%被淋洗了下来，而吸附在 MIP 填充柱上的药物却很好的得以保留。然而经 2 mL 二氯甲烷洗脱后的 NIP 填充柱对目标酸性药物也保持了一定程度的吸附（35.2%～53.4%）。为了进一步证实二氯甲烷作为淋洗剂的可行性，开展了大体积溶剂的实验。结果表明当溶剂体积升高至 8 mL 的时候，目标酸性药物的脱附开始增加，但不超过 64%～78%。由此可以看出仍有 22%～36%的目标酸性药物通过非专性作用吸附在了聚合物上，对复杂环境样品来说，这不可避免地会影响 MIP 对目标酸性药物的选择性富集分离。因此，基于乙腈相对于具有较低极性的甲醇，乙腈本身对酸性药物和聚合物之间的非专性作用具有很强的干扰能力，可以采用不同浓度的乙腈和二氯甲烷进行混合，作为淋洗溶剂干扰在 MIP 和 NIP 上面的非专性作用，以提高专性效率[11]。

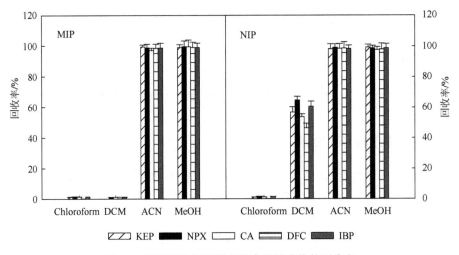

图 4.2　不同淋洗剂下淋洗液中酸性药物的回收率

图 4.3 表明了每种淋洗剂对目标酸性药物的回收率。从图 4.3 可以看出乙腈和二氯甲烷能有效地将 NIP 填充柱中的目标酸性药物洗脱出来。当乙腈和二氯甲烷之比达到 5%（体积比）的时候，5 种酸性药物几乎可以完全从 NIP 填充柱中洗脱出来。相反地，当乙腈和二氯甲烷之比低于 6%（体积比）的情况下，大部分的酸性药物选择性地保留在了 MIP 填充柱中。但是当乙腈和二氯甲烷之比高于 6%（体积比）时，酸性药物和 MIP 的专性作用明显受到干扰。因此 6%（体积比）的乙腈和二氯甲烷混合液被确定为最优淋洗溶剂比例。有关淋洗溶剂的体积对专性和非专性吸附的影响也进行了研究，结果表明最佳淋洗体积为 1.5～2 mL。因此在进一步的实验中，2 mL 二氯甲烷/乙腈 [94∶6（体积比）] 被选作淋洗溶剂。

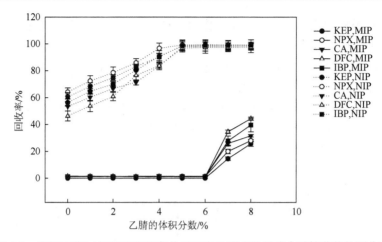

图 4.3　不同乙腈/二氯甲烷比例条件下对淋洗液和洗脱液中酸性药物的回收率

针对洗脱溶剂的研究，本实验采用 4 份（每份体积 1 mL）等体积的甲醇/乙酸 [9∶1（体积比），下同] 用于 MIP 中目标物的依次洗脱，每份 1 mL 等体积甲醇/乙酸的洗出液中目标物的回收率单独计算。结果表明 2 mL 甲醇/乙酸能有效地将 MIP 上的目标污染物全部洗出，因此后续实验中 2 mL 甲醇/乙酸用于目标酸性药物的回收。

将 pH 对固相萃取回收率影响做了深入的研究，结果表明 pH 变化范围在 3~8 时，MIP 填充柱的性能几乎保持恒定，KEP、NPX、CA、DFC 和 IBP 的回收率在 90% 以上。然而，当 pH 高于 4 时，NIP 填充柱上酸性药物的非专性吸附开始下降。

4.2.3　MISPE 的选择性

本小节用非诺洛芬和甲芬那酸作为干扰物质研究了多模板分子印迹聚合物的特异选择性（图 4.4）。浓度为 50 μg/L（体积为 5 mL）的每种化合物依次通过 MISPE 和 NISPE 填充柱，接收每种化合物的淋洗液和洗脱液，分别用 LC-MS/MS 进行分析检测。图 4.4 表明了每种酸性药物分别在淋洗和洗脱部分的回收率。从图中可以看出淋洗之后，5 种模板物质和它们的同类物均从 NIP 填充柱上被完全淋洗下来（5 种模板物质和 2 个同系物在洗脱阶段流出液中的检出浓度接近零，5 种模板物质和两种类似物在淋洗阶段流出液中的检出浓度在 96.9%~98.7%）。5 种模板物质选择性地保留在了 MIP 填充柱上，洗脱阶段的回收率在 95.6%~98.3%。另外，非诺洛芬和甲芬那酸从 MIP 填充柱上被完全淋洗下来（非诺洛芬和甲芬那酸在淋洗阶段的回收率为 96.3%~97.5%，洗脱阶段的回收率为零）。结果表明本研究中的多模板分子印迹聚合物对其模板分子表现出了较高的选择性。该特性为复杂的环境样品分析提供很好的契机，可有效地避免干扰物质对目标物质的响应。

Turner 等对模板物质和聚合物的相互作用机理做了探讨，认为印迹空穴的形状弥补很可能是印迹聚合物特异识别的主要原因[12]。此外，目标污染物分子和键合位点相互作用的强度也决定分子印迹的选择性[13]。由于非诺洛芬和甲芬那酸不像模板分子那样在尺寸上和印迹空穴进行很好的匹配，或者是这两种物质的官能团形状不能和印迹空穴进行弥补，就使得这两种物质不能像模板物质那样产生专性键合，最终在淋洗阶段就很容易从 MIP 上脱落[14, 15]。

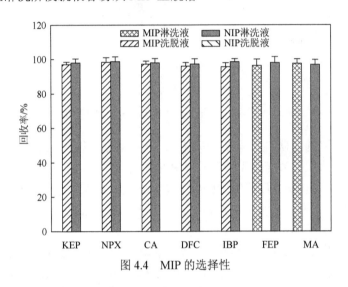

图 4.4　MIP 的选择性

4.2.4　MISPE 的吸附容量和稳定性

环境水体中酸性药物的浓度通常在 μg/L 或者 ng/L 水平，因此在本小节中选择地表水加标浓度为 1 μg/L，上样体积分别为 50 mL、200 mL、500 mL 和 1000 mL，以此评估 MIP 填充柱的吸附容量。完成酸性药物溶液上样加载之后，采用 2 mL 的 DCM/ACN [94∶6（体积比）] 混合液对 MIP 和 NIP 填充柱进行淋洗，采用 2 mL 甲醇/乙酸 [9∶1（体积比）] 溶液进行洗脱，淋洗液和洗脱液的混合液经 LC-MS/MS 分析检测。如前面观察到的，对 NIP 填充柱，几乎所有的非专性作用经 DCM/ACN [94∶6（体积比）] 淋洗后均随淋洗液流出。对 NPX、DFC 和 IBP 来说即便上样体积达到了 1000 mL，回收率仍然保持在 90% 以上；而对 KEP 和 CA 来说，当上样体积增至 1000 mL 的时候回收率分别降至了 72.8% 和 78%（图 4.5）。这主要归咎于键合位点竞争的结果，当水体基质中出现干扰物质时，目标物质和干扰物质就发生了键合位点的竞争。值得注意的是，当上样加载体积为 1000 mL 时，淋洗阶段 MIP 填充柱流出液中除 KEP 检测到了 21.2%、CA 检测到了 16.7%，均未发现其他分析物有检出。这表明 MIP 和分析物之间的选择性作用达到了饱和。

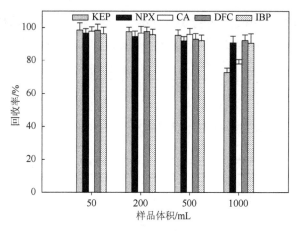

图 4.5 MIP 柱的穿透体积

当上样体积为 1000 mL 时，MIP 填充柱对几种目标酸性药物的键合能力分别为：KEP 48.7 μg/g、NPX 60.7 μg/g、CA 52 μg/g、DFC 61.3 μg/g、IBP 60.7 μg/g。该结果高于文献报道的商业 MIP 填充柱对有机质（如甲苯）中同类物质的键合能力[4]。实验通过 20 个完整的固相萃取流程［平衡（活化）、加载（上样）、淋洗、洗脱］研究了 MIP 填充柱的稳定性。对每个完整固相萃取流程的回收率进行了计算（图 4.6），结果表明 20 个吸附脱附循环周期的回收率几乎保持恒定，因此分子印迹聚合物是一种有效稳定的 SPE 吸附材料。

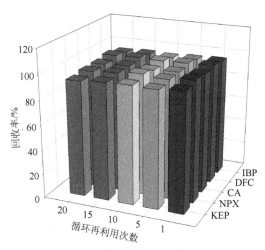

图 4.6 MIP 柱的稳定性

4.2.5 MISPE 程序应用

为了证实该方法的有效性，湖水和污水被选为环境样品，本小节开发的 MISPE

被用于实际环境样品中酸性药物富集分离，在实际水体复杂基质的影响下评估 MISPE 应用的可行性。湖水和污水的体积均为 1 L，加标浓度为 1μg/L，MISPE 用于富集浓缩。从表 4.3 可以看出，水样中 5 种目标酸性药物的回收率均保持在 95%以上，不受水体中固有基质的影响。通过信噪比（S/N）计算的检测限表明，湖水水样的检测限为 2～6 ng/L，污水水样的检测限为 4～12 ng/L，这些检测限均低于相应环境介质中酸性药物的环境浓度水平，达到了预期效果[16, 17]。

表 4.3　环境样品中酸性药物的回收率、LOD 和精确度（n=3）

分析物	湖水					污水				
	LOD	日内		日间		LOD	日内		日间	
		回收率/%	RSD/%	回收率/%	RSD/%		回收率/%	RSD/%	回收率/%	RSD/%
KEP	5	97.8	3.7	96.7	6.9	6	96.8	3.2	95.1	2.8
NPX	5	101	5.2	96	5.6	6	98.2	4.6	95.7	7.4
CA	2	96.4	2.9	103	4.1	4	105	5.2	105	8.3
DFC	5	98.3	6.8	97.1	2.8	8	103	4.9	96.5	6.2
IBP	6	103	8.1	98.2	5.4	12	96.3	6.8	95.7	7.1

在同一条件下，通过短期和长期标准偏差的方法研究了精密度。结果表明日内和日间的相对标准偏差范围分别为 2.9%～8.1%和 2.8%～8.3%，该值在实际样品可接受值的范围内。另外，值得注意的是淋洗步骤完成之后，NIP 填充柱几乎没有保留目标污染物（数据未列出），也就是说，NIP 没有选择性保留目标污染物。相比之下，MIP 从目标实际水体中选择性富集了所有的目标污染物（图 4.7）。该结果进一步证实分子印迹合成过程中形成了特异性功能位点。

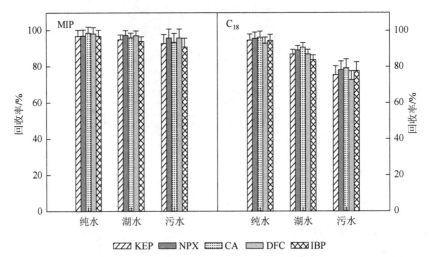

图 4.7　不同水样体积下 MIP 和 C_{18} 柱萃取性能比较

图 4.8 给出了湖水样品的色谱图。由图可以看出五种目标药物和回收率指示物的色谱峰在 15 min 内完全实现分离。

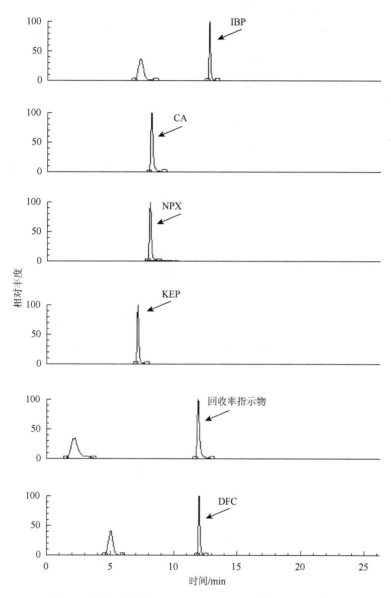

图 4.8　湖水水样的 MISPE-LC-MS/MS 系统 SRM 色谱图

表 4.4 给出了湖水和污水样品中五种目标药物的浓度。除 KEP 外其他四种药物的浓度在 6.3～186 ng/L。这一结果进一步表明了本方法可成功用于实际水样中药物残留的分析测定。

表 4.4　实际水体中酸性药物的浓度（ng/L）（n=3）

水样	KEP	NPX	CA	DFC	IBP
湖水	6.3±0.2	10.7±1.6	41.3±5.1	124±15.5	145±15.5
污水	8.6±0.3	15.9±2.4	59.6±4.5	158±14.6	186±11.2

4.3　小　　结

本章通过沉降聚合法成功制备出新型的多模板分子印迹聚合物，系统研究了多模板 MIP 选择性富集水样中 5 种 PhACs 的可行性。所合成的多模板 MIP 稳定性高，表现出了良好的键合选择识别特性。可同时快速高效地实现复杂基质中多种痕量 PhACs 污染物的分离和富集。该方法克服了单模板分子印迹聚合物在用于复杂机制中多个目标物选择性富集的局限性，为一系列同属性物质的特异性分离提供了一种有效的方法，具有广泛的应用前景。

参 考 文 献

[1]　Zhou X F，Dai C M，Zhang Y L，et al. A preliminary study on the occurrence and behavior of carbamazepine（CBZ）in aquatic environment of Yangtze River Delta，China. Environmental Monitoring and Assessment，2011，173（1）：45-53.

[2]　Zorita S，Mårtensson L，Mathiasson L. Occurrence and removal of pharmaceuticals in a municipal sewage treatment system in the south of Sweden. Science of the Total Environment，2009，407（8）：2760-2770.

[3]　Peng X，Yu Y，Tang C，et al. Occurrence of steroid estrogens，endocrine-disrupting phenols，and acid pharmaceutical residues in urban riverine water of the Pearl River Delta，South China. Science of the Total Environment，2008，397（1-3）：158-166.

[4]　Zorita S，Boyd B，Jönsson S，et al. Selective determination of acidic pharmaceuticals in wastewater using molecularly imprinted solid-phase extraction. Analytica Chimica Acta，2008，626（2）：147-154.

[5]　Dai C M，Zhou X F，Zhang Y L，et al. Synthesis by precipitation polymerization of molecularly imprinted polymer for the selective extraction of diclofenac from water samples. Journal of Hazardous Materials，2011，198（0）：175-181.

[6]　Meng A C，LeJeune J，Spivak D A. Multi-analyte imprinting capability of OMNiMIPs versus traditional molecularly imprinted polymers. Journal of Molecular Recognition，2009，22（2）：121-128.

[7]　He J，Fang G，Deng Q，et al. Preparation，characterization and application of organic-inorganic hybrid ractopamine multi-template molecularly imprinted capillary monolithic column. Analytica Chimica Acta，2011，692（1-2）：57-62.

[8]　Zhu Q Z，Degelmann P，Niessner R，et al. Selective trace analysis of sulfonylurea herbicides in water and soil samples based on solid-phase extraction using a molecularly imprinted polymer. Environmental Science and Technology，2002，36（24）：5411-5420.

[9]　Ferrer I，Lanza F，Tolokan A，et al. Selective trace enrichment of chlorotriazine pesticides from natural waters and sediment samples using terbuthylazine molecularly imprinted polymers. Analytical Chemistry，2000，72（16）：3934-3941.

[10]　Sun Z，Schüssler W，Sengl M，et al. Selective trace analysis of diclofenac in surface and wastewater samples using solid-phase extraction with a new molecularly imprinted polymer. Analytica Chimica Acta，2008，620（1-2）：73-81.

[11]　Jiang T，Zhao L，Chu B，et al. Molecularly imprinted solid-phase extraction for the selective determination of 17[beta]-estradiol in fishery samples with high performance liquid chromatography. Talanta，2009，78（2）：442-447.

[12]　Turner N，Piletska E，Karim K，et al. Effect of the solvent on recognition properties of molecularly imprinted polymer specific for ochratoxin A. Biosensors and Bioelectronics，2004，20（6）：1060-1067.

[13]　Liu Y，Wang F，Tan T，et al. Study of the properties of molecularly imprinted polymers by computational and conformational analysis. Analytica Chimica Acta，2007，581（1）：137-146.

[14]　An F，Gao B，Feng X. Adsorption and recognizing ability of molecular imprinted polymer MIP-PEI/SiO$_2$ towards phenol. Journal of Hazardous Materials，2008，157（2-3）：286-292.

[15]　Li Y，Li X，Dong C，et al. Selective recognition and removal of chlorophenols from aqueous solution using molecularly imprinted polymer prepared by reversible addition-fragmentation chain transfer polymerization. Biosensors and Bioelectronics，2009，25（2）：306-312.

[16]　Wang L，Ying G G，Zhao J L，et al. Occurrence and risk assessment of acidic pharmaceuticals in the Yellow River，Hai River and Liao River of North China. Science of the Total Environment，2010，408（16）：3139-3147.

[17]　Duan Y P，Meng X Z，Wen Z H，et al. Acidic pharmaceuticals in domestic wastewater and receiving water from hyper-urbanization city of China（Shanghai）：Environmental release and ecological risk. Environmental Science and Pollution Research，2013，20（1）：108-116.

第三篇 环境中 PhACs 的迁移转化及归趋

第5章 污水处理厂中 PhACs 的分布、行为及归宿

环境水体中的药物活性组分主要来源于城市生活污水、动物养殖场污水、医院污水、制药厂废水等。如果这些污水及废水得不到有效处理而直接排出，会加剧水环境有机污染，导致各种水质安全得不到保障。现有的污水处理厂处理工艺主要是消除常规的污染物，如 COD、BOD 等，并没有特别针对药物组分。因此，常规的处理工艺并不能完全消除污水和废水中的药物类污染物，而是随污水处理厂的出水直接排放于水环境中。因此，近年来污水处理厂作为排放药物残留的点源而受到环境界的广泛关注，药物在污水处理厂中的去除机制、行为特征已经成为国外研究的热点[1,2]。一些研究文献报道了在美国、日本、加拿大和欧洲等国家和地区的城市污水厂出水中存在微量的药品。例如，Vieno 等指出，芬兰的污水处理厂出水中普遍存在布洛芬、萘普生、酮洛芬和双氯芬酸[3]。然而，在我国，关于药物在污水处理厂中的存在、去除机制及其环境归趋等问题还不是很清楚，相关报道比较少，此方面的研究尚处在起步阶段。城市污水是一种重要的资源，其处理的好坏将直接影响到人体的健康和受纳水体的水质。大多数药物以原始或被转化形式排入污水中，随污水进入污水处理厂。欧洲和北美都曾有文献报道，在城市污水处理厂排放口检测到一定浓度的药物和天然雌激素[4,5]。我国近年来，也对水环境中药物的污染开展了相关研究，但是几乎都是关于抗生素类药物的研究，很少关注另一大类药物（非处方药物）的研究[6,7]。而且目前关于药物在污水处理厂各工艺单元中的分布与迁移，国内开展的研究极少。我国是生产和消费药物的大国，调查药物在城市污水处理厂中的分布对于评估水环境风险及污水回用安全性具有重要意义。为此，本章对 5 种常见的酸性药物（包括 4 种非甾体抗炎药和 1 种脂肪调节剂）在上海一家典型城市污水处理厂中的分布情况及迁移转化规律进行研究，研究目标为酸性药物在污水处理厂中各工艺段的去除状况，确定其在污泥相、颗粒物相和水相中的分配情况，以寻找更有效的去除工艺。有助于正确评价城市污水处理厂对其去除效率及各处理单元性能、监控药物生产厂排放的进入污水处理厂的废水水质，同时可促进城市污水中药物成分减量化技术的开发，为选择合适的污水处理工艺提供信息。

5.1 实验材料与方法

5.1.1 标准物质与试剂

（1）酸性药物标准物质：布洛芬［ibuprofen，IBP，纯度（余同）＞99%］、

萘普生（naproxen，CED，>99%）、酮洛芬（ketoprofen，KEP，>99%）、双氯酚酸（diclofenac，DFC，>97%）、氯贝酸（clofibric acid，CA，>99%）（均购自上海 sigma-aldrich 公司，其理化性质和用途等基本信息见表 5.1）。

表 5.1 酸性药物的理化性质

复合物	CAS 号	化学结构	应用	分子量/(g/mol)	pK_a	$\lg K_{ow}$	原型排泄率/%
布洛芬	15687-27-1		消炎	206.29	4.5	3.97	1~10
酮洛芬	22071-15-4		消炎	254.28	4.45	3.12	1~10
萘普生	22204-53-1		消炎	230.26	4.15	3.2	10
双氯芬酸	15307-86-5		消炎	296.16	4.14	4.51	2~15
氯贝酸	882-09-7		脂质调节剂	214.5	3.42	2.58	—

（2）试剂：丙酮、甲醇色谱纯试剂购自上海 Sigma-aldrich 公司，其他试剂购自上海国药集团化学试剂有限公司，实验用水为去离子水和 Millipore 水。

（3）标准液的配制：①酸性药物标准储备液：精确称取酸性药物标准品各 5 mg 于 50 mL 棕色容量瓶中，分别用甲醇溶液溶解并定容，配成质量浓度均为 100 mg/L 的标准储备液，置于 4℃冰箱内保存；②酸性药物混合标准工作液：移取一定量的 5 种标准储备液并用甲醇稀释并定容,配制成浓度为 1 mg/L 的混合标准工作液。混合标准工作液用流动相溶液稀释并定容于棕色容量瓶中，制成一系列不同浓度的混合标准工作液。

5.1.2　仪器与设备

（1）固相萃取装置及色谱仪器：十二孔固相萃取（SPE）装置（Supelco，USA，图 5.1）、ENVI-18 固相萃取柱（500 mg/3 mL，Supelco）、Thermo 高效液相色谱-质谱仪（Thermo，USA，图 5.2）。实验所用主要仪器和设备如表 5.2 所示。

图 5.1　固相萃取装置　　　　　图 5.2　HPLC-MS/MS 联用仪

表 5.2　实验所用仪器设备

仪器名称	型号	生产公司	备注
TSQ Quantum 液质联用仪	L-2000	美国 Thermo 公司	三重四级杆 MS 检测器
超声波清洗器	KQ2200B	昆山超声仪器有限公司	50 W，40 kHz
高速离心机	TDL-5-A	上海安亭科学仪器厂	5000 r/min
冷冻干燥机	FD-10-50	北京博医康实验仪器公司	—
固相萃取装置	12 管	美国 SULPELCO 公司	大体积采样器
氮吹仪	MTN-2800D	天津奥特塞恩斯公司	
MilliQ 纯水机	Millipak@Express	美国 Millipore 公司	0.22 μm
电热恒温鼓风干燥箱	DHG-9035A	上海一恒科技仪器有限公司	—
pH 计	E-201-C	上海雷磁电子仪器厂	
马弗炉	SX$_2$4-10	上海阳光实验仪器有限公司	
蠕动泵驱动器	WT600-2J	保定兰格恒流泵有限公司	
隔膜真空泵	GM-0.5B	天津津腾公司	230 V AC 50 Hz
旋转蒸发仪	SHB-3	郑州长城科工贸有限公司	
电子天平	AL104	梅特勒-托利多仪器有限公司	—

（2）实验中使用的所有玻璃器具、玻璃器皿，使用前后都要经过自来水冲洗、蒸馏水冲洗，并烘干后置于马弗炉（450℃）中焙烧 4 h。

5.1.3　污水处理厂概况

本小节选择上海市曲阳污水处理厂作为研究对象。曲阳污水处理厂是20世纪80年代初建设的一座水质净化厂，位于上海虹口区东体育会路430号，厂区占地面积430 hm² (1 hm²=10000 m²)。工艺改造前采用常规活性污泥法，主要针对有机碳源污染物为主的中心城区污水处理厂，处理厂出水就近排入河道。随着人们生活水平的提高和对环境要求的提高，国家提出了更高的排放标准《城镇污水处理厂污染物排放标准》（GB 18918—2002），不仅对水污染物控制，还对大气污染物、污泥控制和噪声控制提出了严格的标准，因此原有污水处理厂需要从污水、污泥、臭气和设备等方面进行改造，以达到新的排放标准和环境影响评价要求。目前，污水处理厂经改造后，处理规模为 6×10^4 m³/d，采用 A^2/O 处理工艺，出水需要达到 GB 18918—2002 标准中的二级排放标准，污泥浓缩脱水后外运统一处理，污水和污泥处理过程中产生的臭气进行封闭、收集处理，以达到厂界二级排放标准。表 5.3 和图 5.3 分别给出了污水处理厂的详细信息、进出水水质和处理过程示意图。该污水处理厂接收的主要是生活污水（占总污水的93%），工业废水和生活污水在市政污水管网中混合后，进入污水处理厂，首先经过格栅滤除大的漂浮物，然后在一次沉淀池中经过旋流沉砂，滤除大的杂物和颗粒物，这一阶段能去除水中的部分颗粒物质。这些颗粒物质经过重力沉降作用沉到池底，然后通过污泥泵房转运至污泥浓缩池。经过一次沉淀后的污水，即一沉出水进入生物反应池（厌氧/缺氧/好氧池）中，经过活性污泥中微生物的生物氧化降解。在这一阶段，大部分可降解有机物被降解，大量未被降解的或降解不完全的有机物会吸附、浓缩到污泥上。经过活性污泥法处理的污水再次在二次沉淀池中进行液-固相分离，沉淀出的污泥部分回流入生物反应池，大部分的污泥进入污泥浓缩池等待进一步处理。二沉池出水经过提升进入曝气生物滤池，处理后经紫外线（UV）消毒池消毒排放进入沙泾港。污泥浓缩池中的生污泥经过直接脱水浓缩，然后外运。

表 5.3　污水处理厂信息及进出水水质

污水处理厂信息					
服务人口/万人	服务面积/hm²	日处理量/(×10⁴ m³/d)	进水水质成分	处理工艺	受纳水体
20	3.53	6	生活污水（93%）+工业废水（7%）	A^2/O	沙泾港

污水处理厂进出水水质/（mg/L）					
项目	CODCr	BOD5	SS	NH4-N	TP
进水	235～350	102～150	80～120	20～35	6～8
出水	28～40	9～11	9～14	4～6	1.5～2.5

注：A^2/O，厌氧/缺氧/好氧。

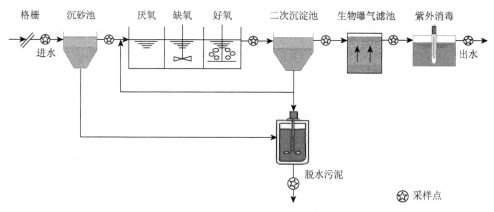

图 5.3　污水处理厂工艺流程及采样点

5.1.4　样品采集及保存

1. 水样的采集

样品采集时间为 2010 年 12 月和 2011 年 1 月，共采集三次。

污水水样采自曲阳污水处理厂各工艺进出水，污水厂具体的采样点如图 5.3 所示，分别采集：①污水处理厂进水；②沉砂池出水；③A^2/O 出水；④二次沉淀池出水；⑤生物曝气滤池出水；⑥紫外消毒出水（终水）；⑦脱水污泥。另外，同时采集污水厂排污口上游 50 m 和排污口下游 200 m 的水样。

用棕色瓶采集以避免光解，水样采集后立即加入 10%的稀硫酸调节 pH<3 以避免有机物被微生物分解。水样运回实验室后，用 0.7 μm 的玻璃纤维滤膜进行过滤（Whatman，Maidstone，England），分别收集颗粒物和过滤后水样，水样置于 4℃冰箱保存，并于 2 天内处理完毕；颗粒物用铝箔纸包裹，用冷冻干燥机干燥 24～48 h 后，取出置于–18℃冰箱，待后续处理分析。

2. 污泥样品的采集及保存

污泥样品采自污水处理厂的脱水污泥。采集的泥样用 10%的稀 H_2SO_4 调节 pH

至 2~3，保存在装有冰块的塑料箱里。泥样用 6000 r/min 离心 10 min 除去水分，剩下的泥样置于不锈钢瓶中在−18℃的冰箱中冷冻 24 h。冷冻的泥样在冷冻干燥机中冷冻干燥 24~48 h，取出置于−18℃冰箱待用。

5.1.5 样品的预处理

1. 水样的预处理

采用固相萃取进行水样的预处理。水样（200 mL 污水处理厂进水、500 mL 污水处理厂各工艺段出水，或 500 mL 地表水）用 2 mol/L 盐酸调整 pH 为 2~3，并加入 200 ng 回收率指示物（涕丙酸）。水样过柱前，分别用 3 mL 甲醇，3 mL Millipore 水对 ENVI-18 固相萃取柱进行活化处理。将水样以 5~10 mL/min 的速度流过 ENVI-18 固相萃取柱。柱子富集完成后，用 3 mL 含有 5%甲醇的水溶液淋洗萃取柱，然后真空抽干 15 min。最后，用 3×1 mL 的丙酮淋洗萃取柱，洗脱液收集于小试管中。将收集到的洗脱液在温和的氮气流下吹至 500 μL，加入 500 μL 甲醇，继续吹至 500 μL，并将其转移至 1.8 mL 棕色进样小瓶中 4℃保存，待 HPLC-MS/MS 分析。

2. 污泥和颗粒物样品的预处理

污泥样品的预处理：称取适量冷冻干燥后的污泥样品 0.5 g 于 10 mL 离心管中，并加入 200 ng 回收率指示物（涕丙酸）。向离心管中加入 6 mL 甲醇后，在摇床上振荡 2 min 后，将离心管置于超声波中超声 10 min，然后在 5000 r/min 转速下离心 5 min，将上层清液转移至 10 mL 的试管中；再向离心管中加入 4 mL 丙酮，重复振荡离心，合并两次上清液。上清液经氮吹至 1 mL，用去离子水稀释至 100 mL，使有机溶剂的含量小于 5%，然后用固相萃取来净化样品，固相萃取的步骤同水样。经固相萃取后，样品于 4℃保存，待 HPLC-MS/MS 分析。

颗粒物样品预处理：取冷冻干燥后的吸附有颗粒物的滤纸，分别加入 25 mL 甲醇和 15 mL 丙酮于超声波清洗机内，在室温下进行萃取，取上清液于圆底烧瓶内，利用旋转蒸发仪旋蒸至约 1 mL，再用去离子水稀释至 100 mL，然后用固相萃取来净化样品，固相萃取步骤同水样。经固相萃取后样品 4℃保存，待 HPLC-MS/MS 分析。

5.1.6 HPLC-MS/MS 分析

采用高效液相色谱-串联质谱检测系统（HPLC-MS/MS，API4000，Applied

Biosystems，Thermo Fisher Scientific，San Jose，CA，USA）对样品进行测定。

1. 色谱条件

色谱柱：Agilent Eclipse XDB C_{18} 反相柱（150 mm×2.1 mm，5 μm）；流动相 A：甲醇；流动相 B：含 0.1%乙酸的 Millipore 水溶液；梯度洗脱程序为：75% A 保持 5 min，然后在 5 min 内将 A 线性增加至 90%并保持 5 min，随后在 5 min 内降低 A 至 75%，保持 5 min。流速：350 μL/min；进样体积：10 μL；柱温：30℃。

2. 质谱条件

离子源为 ESI 源，采用负离子模式，碰撞气和气帘气为 N_2。采用多反应检测方式（MRM）进行分析，选择母离子和一两个特征离子为检测离子对，结合不同的保留时间对酸性药物进行定性。表 5.4 列出了目标药物的质谱参数。采用内标法定量，水样中 CA 的检测限（LOD）为 2 ng/L，其他四种目标药物的 LOD 为 5 ng/L。颗粒物样品中，目标药物的 LOD 为 0.2～20 ng/gdw。污泥样品中，CA 的检测限（LOD）为 1 ng/gdw，其他四种目标药物的 LOD 为 2 ng/gdw。

表5.4　目标药物的质谱参数

复合物	母离子（m/z）	子离子（m/z）	碰撞能量/eV
KEP	252.9	209	10
NPX	228.9	170/185	10
CA	212.9	85/127	10
DFC	294	214/249	10
IBP	205	161/175	20

注：KEP 为酮洛芬；NPX 为萘普生；CA 为氯贝酸；DFC 为双氯芬酸；IBP 为布洛芬。

5.1.7　质量控制与质量保证（QA/QC）

样品分析过程中采用方法空白、基质加标、基质加标平行样和样品平行样等措施进行质量控制。每个分析样品中均要加入回收率指示物涕丙酸。每 5 个样品，同时分析 QA/QC，包括方法空白、空白加标、基质加标和基质加标平行样。方法空白用来控制整个实验流程中是否有人为或环境因素带来的污染；空白加标用来控制实验过程的准确性；基质加标是考察基质在整个实验流程中对目标化合物的影响；基质加标平行样用来考察方法的重现性。水样中回收率指示物的回收率为82.7%～94.5%，污泥样品和颗粒物样品中回收率指示物的回收率为75.7%～87.5%，5种目标物的回收率为96.7%～104.6%。目标物在空白中均未检出，所有样品浓度均没有经过回收率校正。

每次测样均对标准曲线进行校正，当标准曲线中标样的回收率小于80%时，要重新配制标准曲线溶液。

5.2 结果与讨论

5.2.1 典型酸性药物在污水处理厂的浓度水平

表5.5列出了五种酸性药物在曲阳污水厂各采样点水样（溶解相+颗粒相）和污泥中的浓度水平。如表5.5和图5.4所示，在污水厂进水中，五种酸性药物的浓度有明显差异，其中IBP的含量最高，平均浓度为（1380±61.6）ng/L，浓度范围为1344～1451 ng/L；KEP含量最低平均浓度为（25.3±8.5）ng/L，浓度范围为18.6～34.9 ng/L。NPX平均浓度为（58.2±14.4）ng/L，浓度范围为47.7～74.6ng/L；CA平均浓度为（81.4±13.2）ng/L，浓度范围为66.8～85.2ng/L；DFC平均浓度为（318±31.4）ng/L，浓度范围为282～341 ng/L。

如表5.5所示，本小节中污水处理厂进水中IBP的含量水平明显要比瑞士和芬兰污水厂进水浓度低一个数量级，比美国污水处理厂进水浓度低2倍[8-10]。水环境中布洛芬主要来自生产制药企业排放的废水及人体排泄物，人服用的布洛芬有8.9%～14%未经代谢修饰或以葡萄糖苷酸结合态排泄到环境中[11]，后者在环境中不稳定，会转变再生成母体化合物。而布洛芬不易挥发、物理性质稳定、半衰期较长、不易被沉淀物吸附、较少发生化学降解，因此，被认为是"持久性"环境污染物，其残留危害和污染风险较为严重。在欧洲和北美不同国家和地区的污水处理厂原水中普遍检测到KEP。Lindqvist等调查了瑞典的7家污水处理厂中6种酸性药物的含量水平，其中KEP在进水中的平均含量为（2.0±0.6）g/L[9]。Santos等在西班牙污水处理厂进水中检测到1.1～2.3 μg/L的KEP[12]。DFC的进水浓度与芬兰污水厂进水浓度相比处于同一个数量级（350 ng/L）[9]，但是远远低于西班牙污水处理厂进水中的DFC浓度（0.4～1.5 μg/L）[13]。与瑞士、芬兰和西班牙污水厂进水浓度相比，本章中NPX进水浓度远远低于欧洲国家污水厂进水浓度[9, 14, 15]。这一结果在一定程度上反映了NPX在我国有相对较低的使用量。我国NPX的人均消费率为0.5 g/（人·d），比欧洲低了一个数量级。CA，作为一种脂肪调节剂也是一些脂肪调节剂（如氯贝丁酯）的活性代谢产物，在进水中的平均浓度为81.4 ng/L。在瑞士的污水厂进水中检测到较高浓度的 CA（270 ng/L）[8]。虽然瑞士和德国的研究者在污水厂进水中发现了较高浓度的 CA，但在美国几乎检测不到[16-18]。本章中 CA 的高检出率表明在上海地区 CA 和/或其母体药物（氯贝丁酯等）的使用。本章中较低的药物浓度一方面可能是因为这些药物的人均消费量低于医药保险比较发达的欧美国家。另一方面，不同国家不同时间，药物使用的方式可能不一样。此外，消费方式也可能随季节变化[19]。瑞士的研究表明，冬季污水处理厂的一些药物的消费比夏季高 2 倍[20]。随季节变化可能有两个原因，因微生物的低活性而导致药物（在污水处理厂和/或下水道中）的去除率低，或者因为冬季的污染物输入量较高。

表 5.5　五种酸性药物在曲阳污水厂各采样点水样（溶解相+颗粒相）（ng/L）和污泥中的浓度水平（ng/g）

样品	KEP		NPX		CA		DFC		IBP	
	范围	平均值±标准差	范围	平均值±标准差	范围	平均值±标准差	范围	平均值±标准差	范围	平均值±标准差
进水	18.6~34.9	25.3±8.5	47.7~74.6	58.2±14.4	66.8~85.2	81.4±13.2	282~341	318±31.4	1344~1451	1380±61.6
第一次出水	15.6~29.5	21.8±7.1	42.4~62.4	49.8±0.9	60.6~81.4	73±11	217~270	252±29	1171~1268	1200±59
A²/O 出水	12.5~15.5	13.5±1.8	19.1~32.6	24.4±7.1	57.1~79.5	69.6±11	202~246	224±21.7	490~715	584±117
第二次出水	9.4~11	10.4±0.9	16.1~26.5	20.3±5.5	50.3~68.2	60.4±9.2	165~205	186±20.2	401~616	485±115
BAF 出水	7.8~9.1	8.3±0.7	13.8~23.5	17±5.6	48.4~65.6	58.2±8.8	146~195	172±24.7	168~351	234±102
出水	7.5~8.3	7.9±0.4	11.0~18.7	13.8±4.3	43.9~56.7	51.3±6.7	120.3~173	149±26.7	115.2~283.3	178±91.7
脱水污泥	4.8~10.7	7.6±3	7.9~25.3	14.9±9.2	10.7~34.9	20.4±12.8	54.9~95.7	80±21.9	55.8~81.1	68.6±12.6

污水处理厂出水和污泥中目标物的浓度取决于目标化合物自身的物化性质和污水处理厂的处理效能。污水处理厂进水中目标药物的浓度反映出了药物的

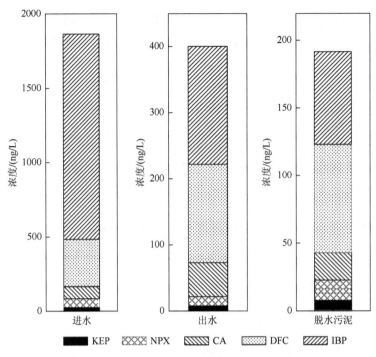

图 5.4　污水处理厂进出水和脱水污泥中酸性药物的浓度

消费量信息，而出水和污泥中目标药物残留浓度则反映了重要的环境问题，因为药物残留将随污水厂出水和处理污泥源源不断地进入环境水体或农田土壤中[21, 22]。如图 5.4 和表 5.5 所示，污水厂出水中 IBP 和 DFC 浓度最高，分别为（178±91.7）ng/L 和（149±26.7）ng/L。原因可能是污水处理厂的处理效能和相对高的进水浓度，同时表明了传统的污水处理工艺不能有效去除这两类物质。在脱水污泥（终泥）中，DFC 的含量最高为（80±21.9）ng/g，IBP、KEP、NPX和 CA 的浓度依次为（68.6±12.6）ng/g、（7.6±3）ng/g、（14.9±9.2）ng/g、（20.4±12.8）ng/g。富集在污泥中的酸性药物会随着污泥外运填埋或应用到绿化草地而进入环境中，这些药物容易经过生物富集作用进入生物体及人体中。因此对于富集大量药物污染物的污泥，应该减少其在土地上的使用量，或者在使用前进行堆肥化处理或其他深加工处理。

5.2.2　典型酸性药物在颗粒物中的分布

表 5.6 给出了各目标化合物在颗粒相中的分布，在所有颗粒相上检出含量最高的目标药物是 DFC，其次是 IBP，这和污泥的分析结果是一致的（表 5.5）。由表 5.6 可以看出，在污水厂进水颗粒相中，DFC 有着相对较高的含量［范围：

37.4～38.4 ng/g，平均值：（37.8±0.52）ng/g］，经过沉砂池重力沉降去除掉大的颗粒物后，在初沉池出水颗粒相中 DFC 的含量明显下降，由进水中的（37.8±0.52）ng/g 降至（20.5±0.44）ng/g；同样，在进水颗粒相中，KEP 的浓度范围为 2.39～3.59 ng/g，而在一沉出水的颗粒物中，KEP 的浓度明显的下降为 nd～1.07 ng/g。这是因为污水厂进水在初沉池经过重力沉降之后，大的颗粒物质已经沉淀进入了污泥中，其中吸附的目标药物也会随之进入污泥中。进水中含有大量的颗粒物，平均为 0.114～0.1913 g/L，经过初沉池处理后，水中的颗粒物明显减少（0.0045～0.0104 g/L），初沉池出水颗粒相中 DFC 和 KEP 的减少与水中颗粒相的沉淀具有一定的正相关性，可以说明 DFC 和 KEP 会随着有机颗粒的沉淀进入污泥中。但是其他药物的含量在经过初沉池后没有明显减少，表明这些药物的含量与颗粒物的总干重没有直接的关系，也许这些药物的含量分布与颗粒相中有机颗粒的组成、结构呈一定的相关性，这还需进一步的实验研究。

表 5.6　五种酸性药物在污水厂各采样点颗粒物中的浓度（ng/g）

样品	KEP		NPX		CA		DFC		IBP	
	范围	平均值±标准差	范围	平均值±标准差	范围	平均值±标准差	范围	平均值±标准差	范围	平均值±标准差
P_{IN}	2.39～3.59	3.12±0.64	0.89～1.27	1.01±0.22	2.00～3.13	2.75±0.65	37.4～38.4	37.8±0.52	20.1～27.5	25.1±4.27
P_{PE}	nd^a～1.07	1.02±0.46	0.76～1.06	0.86±0.17	1.82～2.77	2.45±0.55	18.0～23.8	20.5±0.44	17.6～24.1	21.9±3.77
P_{AE}	1.29～1.37	1.33±0.04	0.32～0.55	0.39±0.14	1.71～2.56	2.27±0.49	25.9～26.6	26±0.56	7.3～13.2	11.2±3.36
P_{SE}	1.06～1.19	1.12±0.06	nd～0.45	0.33±0.1	1.51～2.32	2.05±0.47	21.6～23.3	22.6±0.88	6.01～11.7	9.81±3.29
P_{BE}	0.79～0.99	0.87±0.1	nd～0.40	1.97±0.1	1.45～2.23	1.97±0.35	20.2～22.1	21.3±1.03	2.74～6.7	5.36±2.27
P_{EF}	nd～0.9	0.82±0.07	nd～0.32	0.23±0.08	1.31～1.93	1.72±0.37	17.7～19.7	18.9±1.06	2.03～5.38	4.26±1.93

a.nd 表示未检出。

5.2.3　典型酸性药物在溶解相中的分布

表 5.7 列出了五种酸性药物在曲阳污水厂各采样点溶解相中的浓度水平。在各处理单元的污水溶解相中，IBP 的含量最高，KEP 的含量最低。污水厂进水中 KEP、NPX、CA、DFC 和 IBP 的平均浓度分别为（24.9±8.6）ng/L、（58.1±14.4）ng/L、（81.0±13.1）ng/L、（313±33）ng/L 和（1376±62.0）ng/L。经过初沉池、A²/O 池、

二沉池、生物滤池和紫外消毒等一系列处理工艺后,污水处理厂出水中 KEP、NPX、CA、DFC 和 IBP 的平均浓度分别为（7.86±0.43）ng/L、（13.8±4.25）ng/L、（51.3±6.69）ng/L、（149±26.8）ng/L 和（178±91.8）ng/L。

表 5.7　五种酸性药物在污水厂各采样点溶解相中的浓度

样品	KEP		NPX		CA		DFC		IBP	
	范围	平均值±标准差	范围	平均值±标准差	范围	平均值±标准差	范围	平均值±标准差	范围	平均值±标准差
W_{IN}	18.0～34.5	24.9±8.6	47.5～74.4	58.1±14.4	66.6～91.9	81.0±13.1	276～337	313±33	1340～1448	1376±62.0
W_{PE}	15.5～29.5	2.72±0.46	42.4～62.3	49.8±11.0	60.5～81.3	73.0±11.0	217～270	251±29.4	1160～1268	1120±59.3
W_{AE}	11.2～13.2	12.2±1	18.6～32.5	24.1±7.36	56.9～75.2	67.3±9.39	190～233	215±22.4	489～693	572±107
W_{SE}	9.39～11.0	10.4±0.87	16.1～26.5	20.3±5.47	50.3～68.2	60.4±9.2	164～205	186±20.3	401～616	485±115
W_{BE}	7.83～8.33	8.33±0.7	13.8～23.5	17.0±5.63	48.4～65.6	58.2±8.82	146～195	171±24.7	168～351	234±102
W_{EF}	7.49～8.33	7.86±0.43	11.0～18.7	13.8±4.25	43.8～56.7	51.3±6.69	120～173	149±26.8	115～283	178±91.8

5.2.4　典型酸性药物在颗粒物和溶解相之间的分配

根据所测得的颗粒物和溶解相中目标药物的浓度，由式（5.1）计算出污水处理厂进出水中，五种酸性药物在颗粒物和溶解相中的分配系数 K_d，式（5.1）如下

$$K_d = \frac{C_{i,\text{particulate}}}{C_{i,\text{dissolved}}} \times 1000 \qquad (5.1)$$

式中，$C_{i,\text{particulate}}$ 为颗粒物中所测得的每种酸性药物的浓度，ng/gdw；$C_{i,\text{dissolved}}$ 为溶解相中所测得的每种酸性药物的浓度，ng/L；K_d 为分配系数，L/kg。

图 5.5 给出了污水处理厂进出水中，五种酸性药物在颗粒物和溶解相中的分配系数 K_d。五种酸性药物的 $\lg K_d$ 在 1.2～2.2，这表明目标酸性药物主要分配在水相中。这与目标酸性药物的辛醇-水分配系数（$\lg K_{ow}$）和酸性结构有关。如表 5.1 所示，NPX 和 CA 的 $\lg K_{ow}$ 均在 3 左右，因此它们具有较低的固液分配系数。但是具有较高的 $\lg K_{ow}$ 的另外三种药物，如 DFC（$\lg K_{ow}$=4.51），由于水样 pH（6～7）高于它们的 pK_a，主要以离子形式存在于水相中，固液分配系数也相对较低。这一结果与文献报道的结果一致[23, 24]。Scheytt 等通过实验室吸附试验，测得 IPB 的 $\lg K_d$ 在 0.18～1.69[25]，本节中计算得出的 IBP 的 $\lg K_d$ 在 1.17～1.3。图 5.6 给出了污水

处理厂进出水中，五种酸性药物在颗粒物相中的分配百分数。由图可以看出，目标酸性药物主要分布在溶解相中，颗粒物的贡献只有 2%左右。这表明污水中的酸性药物总负载主要受水相浓度的影响，颗粒物中的浓度则在一个相对稳定的范围内，污水中的酸性药物的总浓度不会因为颗粒相的存在而有较大的波动，人群的日常生活可能对水中酸性药物的浓度变化有较大影响。Ra 和他的合作者研究了水体悬浮颗粒物中 DFC 的分布情况，结果表明，只有 11%的 DFC 分布在悬浮颗粒物中[26]。

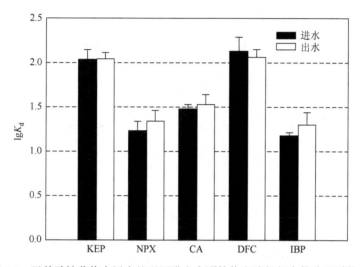

图 5.5　五种酸性药物在污水处理厂进出水颗粒物和溶解相中的分配系数 K_d

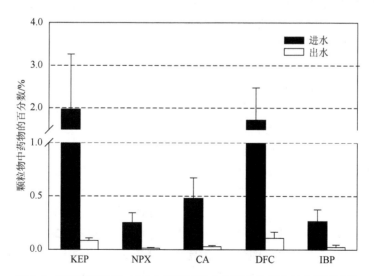

图 5.6　五种酸性药物在污水处理厂进出水颗粒物相中的分配百分数

5.2.5　WWTP 中典型酸性药物的行为和去除效果

曲阳污水处理厂采样点的设置如图 5.3 所示，其中 W_{IN}、W_{PE}、W_{AE}、W_{SE}、W_{BE} 和 W_{EF} 分别为进水量、沉砂池出水量、A^2/O 生化处理出水量、二沉池出水量、曝气生物滤池出水量和终水量（紫外消毒出水）。去除率以各目标药物在污水中的总浓度（颗粒物+溶解相）计算，各工艺段的去除率的计算公式如下

$$沉砂池去除率 = \frac{W_{IN} - W_{PE}}{W_{IN}} \times 100\% \tag{5.2}$$

$$A^2/O生化池去除率 = \frac{W_{PE} - W_{AE}}{W_{PE}} \times 100\% \tag{5.3}$$

$$二沉池去除率 = \frac{W_{AE} - W_{SE}}{W_{AE}} \times 100\% \tag{5.4}$$

$$曝气生物滤池去除率 = \frac{W_{SE} - W_{BE}}{W_{SE}} \times 100\% \tag{5.5}$$

$$紫外消毒池去除率 = \frac{W_{BE} - W_{EF}}{W_{BE}} \times 100\% \tag{5.6}$$

$$总去除率 = \frac{W_{IN} - W_{EF}}{W_{IN}} \times 100\% \tag{5.7}$$

从前面的分析可知，污水进入污水处理厂后，首先经过一次沉淀处理，在该处理单元中，吸附在有机颗粒上的酸性药物主要随着颗粒的沉淀进入污泥中。由于一沉池的污泥是直接进入污泥浓缩池，而浓缩池中的污泥在经过直接脱水后就外运填埋，因此这部分颗粒上的酸性药物没有经过微生物的降解就直接进入了环境中。

图 5.7 和图 5.8 分别给出了污水处理厂各采样点目标酸性药物的平均浓度和各工艺段的去除率及总去除率。污水厂进水经过沉砂池初级处理后，沉砂池出水中五种酸性药物的含量（颗粒物相+水相）有明显的减少（图 5.7），但仍然有相当浓度的酸性药物。在污水厂进水中，KEP、NPX、CA、DFC 和 IBP 的含量分别为 18.6～34.9 ng/L、47.7～74.6 ng/L、66.8～85.2 ng/L、282～341 ng/L 和 1344～1451 ng/L。在经过初次沉淀处理后，沉砂池出水中的 KEP 减少为 15.6～29.5 ng/L、NPX 减少为 42.4～62.4 ng/L、CA 减少为 60.6～81.4 ng/L、DFC 减少为 217～270 ng/L，IBP 减少为 1171～1268 ng/L。被去除的这一部分化合物主要是随着颗粒物进入了污泥中。如图 5.8 所示，经过沉砂池除去水中的大颗粒物质后，五种酸性药物的去除率为（10.3±1.4）%～（21.1±1.7）%之间。DFC 在沉砂池中的去除率达到 20%，这可能是因为 DFC 具有较高的 K_d 值（图 5.5）。目标化合物在固体表面的吸附是污水厂初级处理的主要去除机制之一。有研究报道，亲脂性有机污染物在污水初级处理工艺中去除率可达 20%～50%[23, 24]。因此，根据五种目

标酸性药物的 $\lg K_{ow}$ 值，它们也应具有相似的去除效果。但是除了 DFC 外，其他四种酸性药物在沉砂池中的去除率均低于 20%。原因可能是它们的酸性结构致使它们与水分子发生相互作用，从而减弱了吸附到悬浮颗粒物上的概率[26]。因此可以说，污水处理厂初级处理不是酸性药物的主要去除途径。

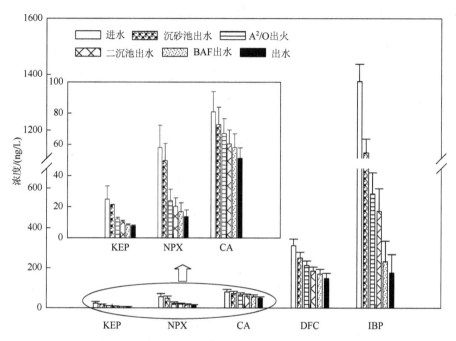

图 5.7　污水处理厂各采样点五种酸性药物的平均浓度

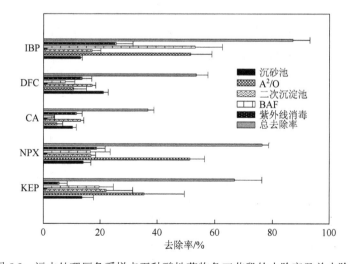

图 5.8　污水处理厂各采样点五种酸性药物各工艺段的去除率及总去除率

　　沉砂池出水中的酸性药物随着污水及二沉池回流部分的含磷污泥首先进入 A^2/O 工艺的厌氧池，其主要功能为释放磷，使污水中磷浓度升高，溶解性有机物被微生物细胞吸收而使污水中 BOD 浓度下降；在缺氧池中，反硝化细菌可利用污水中的有机物作碳源，将回流混合液中带入的大量 NO_3^--N 和 NO_2^--N 还原为 N_2 释放到空气中，因此 BOD_5 浓度下降，NO_3^--N 浓度大幅度下降；在好氧池中，有机物被微生物生化降解，浓度继续下降，有机氮被氨化继而被硝化，使 NH_4^+-N 浓度显著下降，但随着硝化过程使 NO_3^--N 浓度增加，磷随着聚磷菌的过量摄取，也以较快的速度下降。好氧池完成氨氮的硝化过程，缺氧池则完成脱氮功能，厌氧池和好氧池联合完成除磷功能。酸性药物在生物脱氮除磷过程中，可以作为微生物碳源而被降解去除。由图 5.7 可以看出，经过 A^2/O 生化反应池后，IBP 和 NPX 的浓度明显降低，平均浓度分别由 1120 ng/L 和 49.8 ng/L 减少至 572 ng/L 和 24.1 ng/L。二者在 A^2/O 生化反应池中的去除率分别为（51.3±7.4）%和（51.6±5.1）%。本节中 IBP 和 NPX 的高生物降解率与文献报道一致。Tauxe-Wuersch 等通过研究发现，在污水处理厂生物处理过程中，由于污泥停留时间（SRT）较短而导致 IBP 的去除率小于 30%[8]。Carballa 等认为，水力停留时间（HRT）短也会影响 IBP 的生物去除效果[15]。Andreozzie 等发现在 SRT＞50 d 的活性污泥系统中，IBP 达到了完全去除[27]。在西班牙的一个污水处理厂的二级生物处理中，NPX 的去除率达到 40%～55%[15]，这与本节研究结果相似。Lindqvist 等在芬兰的一家污水处理厂中发现，经过生物处理后，NPX 的去除率达到 55%～98%[9]。KEP 在 A^2/O 池中的去除率相对较低，平均去除率为（35±13.9）%，原因可能是其弱的亲脂性（$\lg K_{ow} \approx 3$）。另外，Boyd 等曾研究发现在微生物的攻击下，KEP 异常地表现出持久性[28]。本节中，CA 在 A^2/O 生化反应池中的去除不是很明显，仅去除了 4.7%。Radjenović 等研究了 CA 在膜生物反应器（MBR）和活性污泥系统中的去除效果，结果表明，MBR 可以有效地去除 CA，去除率可达 72%～86%，而在活性污泥系统中去除率为 26%～51%[29]。有机污染物的化学结构是决定其被微生物降解难易程度的重要因素之一。DFC 和 IBP 属于非甾体抗炎药物，但它们在生物处理过程中，明显表现出不同的行为。IBP 在 A^2/O 生化反应池中的去除率达到 51.3%，而 DFC 的去除率为 10.7%。DFC 和 CA 的难生物降解特点可能是由于它们分子结构中含有 Cl-基团的缘故[24]。经过二次沉淀池固液分离后，五种酸性药物减少了（13.1±1.1）%～（22.2±9.4）%，被去除的这部分化合物吸附到活性污泥上，经二次沉淀后进入污泥浓缩池，其具体归宿还需要进一步的研究。

　　在曝气生物滤池中，IBP 的去除效果最好，去除率达到（53±9.7）%。KEP

和 NPX 的去除率分别为（19.7±5.1）%和（16.7±6.9）%。曝气生物滤池对 CA 和 DFC 的去除没有明显的效果。

污水处理厂的最后一个阶段是紫外消毒，在紫外消毒池中，除了 KEP 外，其他四种酸性药物的浓度都有明显减少。KEP、NPX、CA、DFC 和 IBP 经过紫外照射后，分别减少了（5.5±3.0）%、（18.8±3.1）%、（11.2±2.0）%、（13.4±3.4）%和（25.5±6.0）%。有研究者报道，根据有机物吸收光子的特性，紫外光可以有效降解包括药物在内的有机微污染物。但是，本节中，五种酸性药物的紫外降解效果较低，可能是 WWTP 中消毒用的紫外灯的紫外光剂量较低的缘故。另外，较短的水力停留时间和其他有机污染物的竞争作用也是影响目标酸性药物紫外降解效果低的原因。Vieno 等的研究结果表明，污水处理厂通常消毒用的紫外灯的光照射强度太低而不能有效进行有机物的光转化或光降解，即使是对紫外光有强吸收的药物也不能被有效地光解[2]。Gagnon 等通过研究发现，采用紫外光强度大于污水处理厂消毒用的紫外灯光强度 25 倍的紫外灯，进行药物的光降解时，这些药物包括 DFC 被完全降解[30]。

如图 5.8 所示，IBP 和 NPX 在 WWTP 中的总去除率最高，分别为 89%～91% 和 75%～79%，这与文献中报道的结果一致。以前的研究发现，75%～90%的 IBP 在 WWTP 中被去除[18, 35-38]；NPX 在 WWTP 中去除率为 50%～98%[9, 35, 36]。本节中，大约 70%的 KEP 在 WWTP 中被去除，类似的结果也在文献中报道[37]。文献中报道的 DFC 在 WWTP 的去除率范围相对较宽。Ternes 等研究发现，在德国的一个 WWTP 中，DFC 的总去除率达到 69%[18]，这一结果远远高于 Heberer 等报道的 DFC 的去除率[38]。DFC 在本书所研究 WWTP 中的总去除率达到 50%。通过对 WWTP 进出水中 CA 浓度的分析，Heberere 等提出 CA 是难生物降解的物质之一[38]。本节中，CA 在 WWTP 中的总去除率为 34%～39%，这一结果与文献中报道的 29%～34%相似[31, 36, 39]。目标酸性药物在污水处理厂去除效果的差异性，表明各种药物的去除效果不仅取决于各种药物本身的性质，还取决于不同的处理工艺及各种工艺参数（如 SRT、HRT）。因此，为了提高这些酸性药物（尤其是 DFC 和 CA）的去除效果，进一步的深度处理是非常有必要的。有研究表明，在生物处理工艺后增加臭氧或超滤步骤可以有效地去除污水厂出水中包括药物在内的微污染物[40-43]。

传统的污水处理厂没有针对药物的处理工艺。普通的水处理方法不能有效地去除水中的药物类污染物，污水处理厂对不同药物的去除率差异较大，这可归于多方面原因：首先，由于不同药物的化学结构及特性不同，它们在污水中的降解行为也不一样；其次，目前对污水中药物的检测方法还不完善，检测结果偏差可能较大；再次，各国污水水质不同，污水处理厂处理工艺也不同，即使同一工艺不同的处理单元对药物的去除特性也可能有差异。

5.2.6 典型酸性药物在 WWTP 中的日负荷及对受纳水体的贡献

图 5.9 显示了五种酸性药物在污水厂进水、出水及终泥中的日负荷（日负荷＝实测酸性药物浓度×污水厂污水日处理量），其中进水中的日负荷可以近似地看为污水厂每天接纳的酸性药物负荷，出水和终泥中的日负荷可以近似地看作它们每天的排放负荷。如图 5.9 所示，污水处理厂进水中各酸性药物的日流量分别为 1.5 g/d、3.5 g/d、4.9 g/d、19 g/d 和 83 g/d，这一结果反映了这 5 种药物在我国的不同使用量。IBP 是我国最常用的四大抗炎类药物之一（其他三种分别为对乙酰氨基酚、阿司匹林和双氯芬酸），其年产量超过 1000 t。而 KEP 的年产量较低，大约 92 t。污水处理厂每天排入环境中的目标药物总负荷为 30 g，其中通过污泥排放的药物量占总排放量的 20%（图 5.9），而 80%（24 g/d）经过污水处理厂出水排放到污水厂环境受纳水体中。环境中药物残留而导致细菌耐药性的增强及其潜在的危害性逐渐受到关注，而长时间处在一定浓度的药物污染状态，目前对生态环境潜在的影响及作用尚缺乏系统的研究，应该引起足够的重视。

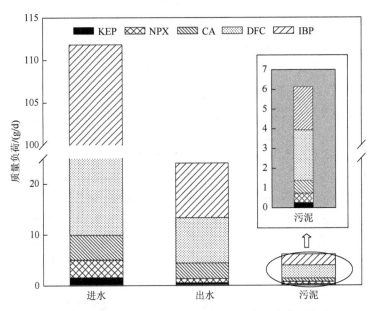

图 5.9   五种酸性药物在污水厂进出水及终泥中的日负荷

5.2.7 典型酸性药物在 WWTP 中的归宿

根据前一节中计算的污水处理厂进水、出水和终泥中的目标酸性药物的日负荷，分别计算每种酸性药物在污水处理厂进水、出水和最终污泥中相对于进

水负荷的质量分数，以此来评估五种酸性药物在污水处理厂的归宿情况。图 5.10
显示了五种酸性药物在污水处理厂的归宿。从图中可以看出，进入污水处理厂
的 IBP，84%被转化/损失去除，因吸附而滞留在污泥中的 IBP 仅有 3%，剩余的
13%经过污水厂出水，最终将排放到受纳水体中。对于 IBP 在污泥中残留的现象，
目前还没有明确的解释。可能的原因是：①IBP 的高生物有效性；②IBP 在污泥
中发生共轭；③IBP 作为微生物生长的碳源被消耗[38, 43]。对于 NPX、KEP、CA
和 DFC，被转化/损失的质量分数分别为 63%、48%、40%和 24%；污泥中的质
量分数分别为 19%、15%、13%和 13%，残留在污泥中的这部分酸性药物，通过
污泥的外运、填埋或农用，最终将再次进入环境中。污水处理厂出水中的 NPX、
KEP、CA 和 DFC 质量分数分别为 23%、33%、63%和 47%，这部分酸性药物将
随着污水处理厂出水排入环境受纳水体中。从图中的数据可以发现，无论哪种
目标药物，它们被转化/损失的部分明显大于污泥吸附的部分，这一结果表明，
对于本研究中的五种酸性药物，在污水厂的生物处理过程中主要的去除机制不
是污泥吸附而是生物降解[37]。总之，进入污水厂的酸性药物，除了少部分因吸
附到颗粒物上而进入污泥外，在整个污水处理工艺中，微生物转化/降解发挥了
主要作用。

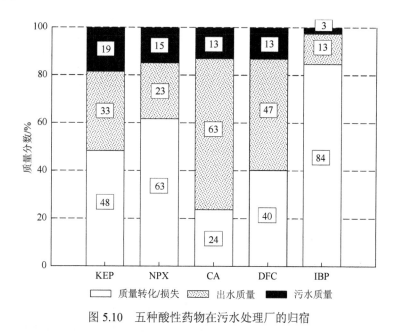

图 5.10　五种酸性药物在污水处理厂的归宿

5.2.8　WWTP 服务区域典型酸性药物的人均排放量估算

图 5.11 显示了曲阳污水厂服务区域五种酸性药物的人均日排放量（M_C），根

据 M_C 值可以了解当地用药习惯和模式，为管理控制提供科学依据，还可以比较不同国家、地区人群的用药规律。M_C 按下式计算：

$$M_C = M_I / \left[P\left(1 - E_U\right) \right] \tag{5.8}$$

式中，M_I 为进水中日流量；P 为污水处理厂服务人口数量；E_U 为药物服用后的吸收和转化的效率，本研究按 90%计算[9]。如图 5.11 所示，KEP、NPX、CA、DFC 和 IBP 的人均排放量分别为 0.1 mg/（人·d）、0.2 mg/（人·d）、0.2 mg/（人·d）、1 mg/（人·d）和 4.1 mg/（人·d）。其中 IBP 的人均排放量最大，DFC 次之。这与我国 IBP 和 DFC 的使用量一致。但必须指出的是，该结果仅适用于所研究的污水处理厂的服务区域。并且，即使是 24 h 连续混合采样，也只能反映采样时期药物含量的变化[15, 20]，而不同种类的药物在不同时期，都可能存在较大的差异。

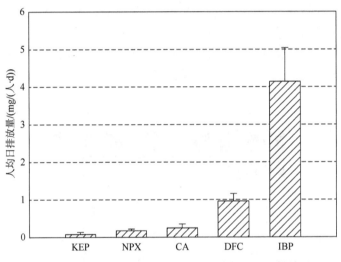

图 5.11　污水厂服务区域五种酸性药物的人均日排放量

5.3　小　　结

（1）五种酸性药物在曲阳污水处理厂进水中都有检测到，且五种药物的浓度有明显差异，其中 IBP 的含量最高，浓度范围为 1344～1451 ng/L；KEP 含量最低，浓度范围为 18.6～34.9 ng/L；NPX 的浓度范围为 47.7～74.6 ng/L；CA 的浓度范围为 66.8～85.2 ng/L；DFC 的浓度范围为 282～341 ng/L。本章中五种酸性药物的进水浓度远远低于欧美国家污水厂进水浓度。一方面可能是因为我国这些药物的人均消费量低于医药保险比较发达的欧美国家。另一方面，不同国家不同时间，药物使用的方式可能不一样。此外，消费方式也可能随季节变化。曲阳污水处理厂主要处理生活污水，说明生活污水排放是污水处理厂中药物的来源之一。

（2）在污水处理厂脱水污泥（终泥）中也检测到了酸性药物，其中 DFC 的含量最高为（80±21.9）ng/g，IBP、KEP、NPX 和 CA 的平均浓度依次为（68.6±12.6）ng/g、（7.6±3）ng/g、（14.9±9.2）ng/g 和（20.4±12.8）ng/g。富集在污泥中的酸性药物会随着污泥外运填埋或应用到绿化草地而进入环境中，这些药物容易经过生物富集作用进入生物体及人体中。因此对于富集大量药物污染物的污泥，应该减少其在土地上的使用量，或者在使用前进行堆肥化处理或其他深加工处理。

（3）在各处理单元污水中的所有颗粒相上检出含量最高的目标药物是 DFC，IBP 次之，这和污泥的分析结果一致的。

（4）污水处理厂对 IBP 的去除率最高达到 90%，氯贝酸去除率最低小于 40%。各处理单元中，沉砂池对五种药物的去除贡献小于 20%，A^2/O 生化反应池和曝气生物滤池对 IBP、NPX 的去除贡献最大，而对 DFC 和 CA 几乎没有去除；紫外消毒阶段对五种酸性药物的去除贡献较小，去除率在 5.5%～25.5%之间。进入污水厂的酸性药物，除了少部分因吸附到颗粒物上而进入污泥外，在整个污水处理工艺中，微生物转化/降解发挥了主要作用。

（5）污水处理厂出水中均检测到五种药物，表明传统污水处理厂不能有效去除药物组分；目标酸性药物在污水处理厂去除效果的差异性，表明各种药物的去除效果不仅取决于各种药物本身的性质，还取决于不同的处理工艺及各种工艺参数（如 SRT、HRT）。因此，为了提高这些酸性药物（尤其是 DFC 和 CA）的去除效果，进一步的深度处理是非常有必要的。

（6）污水处理厂进水中各酸性药物的日负荷分别为 1.5 g/d、3.5 g/d、4.9 g/d、19 g/d 和 83 g/d，这一结果反映了这五种药物在我国的不同使用量。污水处理厂每天排入环境中的目标药物总负荷为 30 g，其中通过污泥排放的药物量占总排放量的 20%，而 80%（24 g/d）经过污水处理厂出水排放到污水厂受纳水体中，给环境水体带来潜在的危害，应该引起足够的重视。

（7）通过估算，污水厂服务区域 KEP、NPX、CA、DFC 和 IBP 的人均排放量分别为 0.1 mg/（人·d）、0.2 mg/（人·d）、0.2 mg/（人·d）、1 mg/（人·d）和 4.1 mg/（人·d）。

参 考 文 献

[1] Ternes T A，Meisenheimer M，McDowell D，et al. Removal of pharmaceuticals during drinking water treatment. Environmental Science and Technology，2002，36（17）：3855-3863.

[2] Vieno N M，Härkki H，Tuhkanen T，et al. Occurrence of pharmaceuticals in river water and their elimination a pilot-scale drinking water treatment plant. Environmental Science and Technology，2007，41（14）：5077-5084.

[3] Vieno N，Tuhkanen T，Kronberg L. Elimination of pharmaceuticals in sewage treatment plants in Finland. Water Research，2007，41（5）：1001-1012.

[4] Ternes T A，Bonerz M，Herrmann N，et al. Determination of pharmaceuticals，iodinated contrast media and musk

fragrances in sludge by LC tandem MS and GC/MS. Journal of Chromatography A, 2005, 1067 (1-2): 213-223.

[5]　Ternes T A, Stumpf M, Mueller J, et al. Behavior and occurrence of estrogens in municipal sewage treatment plants-I. Investigations in Germany, Canada and Brazil. the Science of the Total Environment, 1999, 225 (1-2): 81-90.

[6]　Sui Q, Huang J, Deng S, et al. Occurrence and removal of pharmaceuticals, caffeine and DEET in wastewater treatment plants of Beijing, China. Water Research, 2010, 44 (2): 417-426.

[7]　Zhou X F, Dai C M, Zhang Y L, et al. A preliminary study on the occurrence and behavior of carbamazepine (CBZ) in aquatic environment of Yangtze River Delta, China. Environmental Monitoring and Assessment, 2011, 173 (1): 45-53.

[8]　Tauxe-Wuersch A, De Alencastro L F, Grandjean D, et al. Occurrence of several acidic drugs in sewage treatment plants in Switzerland and risk assessment. Water Research, 2005, 39 (9): 1761-1772.

[9]　Lindqvist N, Tuhkanen T, Kronberg L. Occurrence of acidic pharmaceuticals in raw and treated sewages and in receiving waters. Water Research, 2005, 39 (11): 2219-2228.

[10]　Buser H R, Poiger T, Müller M D. Occurrence and environmental behavior of the chiral pharmaceutical drug ibuprofen in surface waters and in wastewater. Environmental Science and Technology, 1999, 33 (15): 2529-2535.

[11]　Lee H B, Peart T E, Svoboda M L. Determination of endocrine-disrupting phenols, acidic pharmaceuticals, and personal-care products in sewage by solid-phase extraction and gas chromatography-mass spectrometry. Journal of Chromatography A, 2005, 1094 (1-2): 122-129.

[12]　Santos J L, Aparicio I, Alonso E. Occurrence and risk assessment of pharmaceutically active compounds in wastewater treatment plants. A case study: Seville city (Spain). Environment International, 2007, 33(4): 596-601.

[13]　Santos J L, Aparicio I, Callejón M, et al. Occurrence of pharmaceutically active compounds during 1-year period in wastewaters from four wastewater treatment plants in Seville (Spain). Journal of Hazardous Materials, 2009, 164 (2-3): 1509-1516.

[14]　Bendz D, Paxéus N A, Ginn T R, et al. Occurrence and fate of pharmaceutically active compounds in the environment, a case study: Höje River in Sweden. Journal of Hazardous Materials, 2005, 122 (3): 195-204.

[15]　Carballa M, Omil F, Lema J M, et al. Behavior of pharmaceuticals, cosmetics and hormones in a sewage treatment plant. Water Research, 2004, 38 (12): 2918-2926.

[16]　Buser H R, Poiger T, Müller M D. Occurrence and fate of the pharmaceutical drug diclofenac in surface waters: Rapid photodegradation in a lake. Environmental Science and Technology, 1998, 32 (22): 3449-3456.

[17]　Kolpin D W, Furlong E T, Meyer M T, et al. Pharmaceuticals, hormones, and other organic wastewater contaminants in U S Streams, 1999-2000: A national reconnaissance. Environmental Science and Technology, 2002, 36 (6): 1202-1211.

[18]　Ternes T A. Occurrence of drugs in German sewage treatment plants and rivers. Water Research, 1998, 32 (11): 3245-3260.

[19]　Zuehlke S, Duennbier U, Heberer T. Investigation of the behavior and metabolism of pharmaceutical residues during purification of contaminated ground water used for drinking water supply. Chemosphere, 2007, 69 (11): 1673-1680.

[20]　McArdell C S, Molnar E, Suter M J F, et al. Occurrence and fate of macrolide antibiotics in wastewater treatment plants and in the glatt valley watershed, Switzerland. Environmental Science and Technology, 2003, 37 (24): 5479-5486.

[21]　Escher B I, Baumgartner R, Koller M, et al. McArdell. Environmental toxicology and risk assessment of pharmaceuticals from hospital wastewater. Water Research, 2011, 45 (1): 75-92.

[22]　Gros M, Petrovic M, Ginebreda A, et al. Removal of pharmaceuticals during wastewater treatment and environmental risk assessment using hazard indexes. Environment International, 2010, 36 (1): 15-26.

[23]　Carballa M, Omil F, Lema J M. Calculation methods to perform mass balances of micropollutants in sewage treatment plants. Application to pharmaceutical and personal care products (PPCPs). Environmental Science and Technology, 2007, 41 (3): 884-890.

[24]　Cirja M, Ivashechkin P, Schäffer A, et al. Factors affecting the removal of organic micropollutants from wastewater in conventional treatment plants (CTP) and membrane bioreactors (MBR). Reviews in Environmental Science and Biotechnology, 2008, 7 (1): 61-78.

[25]　Scheytt T, Mersmann P, Lindstädt R, et al. Determination of sorption coefficients of pharmaceutically active substances carbamazepine, diclofenac, and ibuprofen, in sandy sediments. Chemosphere, 2005, 60 (2): 245-253.

[26]　Ra J S, Oh S Y, Lee B C, et al. The effect of suspended particles coated by humic acid on the toxicity of pharmaceuticals, estrogens, and phenolic compounds. Environment International, 2008, 34 (2): 184-192.

[27]　Andreozzi R, Raffaele M, Nicklas P. Pharmaceuticals in STP effluents and their solar photodegradation in aquatic environment. Chemosphere, 2003, 50 (10): 1319-1330.

[28]　Boyd G R, Zhang S, Grimm D A. Naproxen removal from water by chlorination and biofilm processes. Water Research, 2005, 39 (4): 668-676.

[29]　Radjenovic J, Petrovic M, Barceló D. Advanced mass spectrometric methods applied to the study of fate and removal of pharmaceuticals in wastewater treatment. Trac Trends in Analytical Chemistry, 2007, 26 (11): 1132-1144.

[30]　Gagnon C, Lajeunesse A, Cejka P, et al. Degradation of selected acidic and neutral pharmaceutical products in a primary-treated wastewater by disinfection processes, taylor and amp; Francis, Philadelphia, PA, ETATS-UNIS, 2008.

[31]　Castiglioni S, Bagnati R, Fanelli R, et al. Removal of pharmaceuticals in sewage treatment plants in Italy. Environmental Science and Technology, 2006, 40 (1): 357-363.

[32]　Heberer T. Occurrence, fate, and removal of pharmaceutical residues in the aquatic environment: A review of recent research data. Toxicology Letters, 2002, 131 (1-2): 5-17.

[33]　Clara M, Strenn B, Gans O, et al. Removal of selected pharmaceuticals, fragrances and endocrine disrupting compounds in a membrane bioreactor and conventional wastewater treatment plants. Water Research, 2005, 39 (19): 4797-4807.

[34]　Jones O A H, Voulvoulis N, Lester J N. The occurrence and removal of selected pharmaceutical compounds in a sewage treatment works utilising activated sludge treatment. Environmental Pollution, 2007, 145 (3): 738-744.

[35]　Joss A, Keller E, Alder A C, et al. Removal of pharmaceuticals and fragrances in biological wastewater treatment. Water Research, 2005, 39 (14): 3139-3152.

[36]　Kosjek T, Heath E, Kompare B. Removal of pharmaceutical residues in a pilot wastewater treatment plant. Analytical and Bioanalytical Chemistry, 2007, 387 (4): 1379-1387.

[37]　Kimura K, Hara H, Watanabe Y. Elimination of selected acidic pharmaceuticals from municipal wastewater by an activated sludge system and membrane bioreactors. Environmental Science and Technology, 2007, 41 (10): 3708-3714.

[38]　Heberer T. Tracking persistent pharmaceutical residues from municipal sewage to drinking water. Journal of

Hydrology，2002，266（3-4）：175-189.

[39]　Matamoros V，García J，Bayona J M. Organic micropollutant removal in a full-scale surface flow constructed wetland fed with secondary effluent. Water Research，2008，42（3）：653-660.

[40]　Al-Rifai J H，Gabelish C L，Schäfer A I. Occurrence of pharmaceutically active and non-steroidal estrogenic compounds in three different wastewater recycling schemes in Australia. Chemosphere，2007，69（5）：803-815.

[41]　Kim S D，Cho J，Kim I S，et al. Occurrence and removal of pharmaceuticals and endocrine disruptors in South Korean surface，drinking，and waste waters. Water Research，2007，41（5）：1013-1021.

[42]　Khan S J，Wintgens T，Sherman P，et al. Removal of hormones and pharmaceuticals in the Advanced Water Recycling Demonstration Plant in Queensland，Australia. Water Science and Technology，2004，50（5）：15-22.

[43]　Clara M，Kreuzinger N，Strenn B，et al. The solids retention time-a suitable design parameter to evaluate the capacity of wastewater treatment plants to remove micropollutants. Water Research，2005，39（1）：97-106.

第6章　污水处理厂受纳河流中典型酸性药物的多相分布及潜在风险初步评估

大多数药物使用过后，在进入环境之前都要先进入污水处理厂（WWTP）。在污水处理厂，这些物质可能在一定程度上转化或生物降解或吸附到污泥上。大多数的药物仍然存在于 WWTP 的出水中，这是因为这些极性或持久性化合物只被部分去除，或者在一些情况下，没有达到任何的去除。因此污水处理厂出水是环境水体中药物的重要点源。经过 WWTP 处理后的水大多数都直接排入河流、小溪或湖泊中，这就给处理水的直接或间接回用带来了问题，同样也给受纳环境带来问题，使环境中的有机体暴露于这些药物组分[1-3]。由于药物的原理是直接作用于特定的生物活动，所以有必要对作为污水处理厂的环境受纳河流中的这些物质的污染特征和潜在风险进行研究[4]。在欧美的地表水中发现了多种药物成分，虽然其数据难以比较。据估计，在近点源的地方如污水处理厂排除口附近，这些污染物的浓度最高。关于污水处理厂源头附近药物污染物分布的相关报道较少。第3章的研究表明，五种目标酸性药物在污水处理厂中不能有效的去除，污水中残余的这部分药物将随着污水处理厂出水排入水体中，这些药物将对水体环境带来潜在的风险[5]。因此，本章以曲阳污水处理厂的直接受纳水体沙泾港河段为研究对象，在污水处理厂排污口和排污口上、下游的沙泾港河段采集水样和沉积物样品，对五种目标酸性药物在污水处理厂受纳河流中的赋存状况及多相分布规律进行研究，并对五种目标酸性药物的潜在风险进行初步评估，研究结果有助于科学的评价水环境中酸性药物的危害性，为揭示其随废水排放的特征、在水环境中的来源及污染现状等的进一步研究提供科学依据。

6.1　实验材料与方法

6.1.1　标准物质与试剂

实验所用标准物质与试剂同 5.1.1 小节。

6.1.2　仪器与设备

全玻璃过滤装置和切向流超滤装置：Millipore 全玻璃过滤装（10 inch Millipore

prefilter，Millipore，USA，图 6.1），切向流超滤（CFUF）系统（Pellicon System，Millipore，USA），图 6.2）。其他实验主要仪器设备见表 5.1。

图 6.1　全玻璃过滤装置

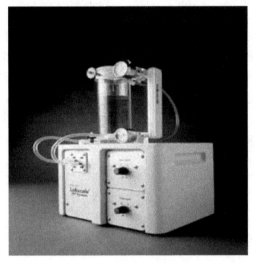

图 6.2　切向流超滤装置

6.1.3　采样点概况

采样点选取曲阳污水处理厂直接受纳水体沙泾港在污水处理厂排污口处、排污口上游和下游河段。采样点分布图如图 6.3 所示。

沙泾港位于虹口区中部偏东,北起走马塘,往南经江湾镇春生桥,穿过中山北路、大连西路、四平路,南与虹口港相接通往黄浦江。曾名俞泾浦,长约 6.4 km,河面宽度 20 m 左右。沙泾港河水源自黄浦江,通过潮汐力量推动河水流动,因河道水位较低,潮汐动力较差,河水流动缓慢,基本处于静止状态,河水自我净化能力很差,水质污染较为严重,是曲阳污水处理厂出水直接受纳水体。

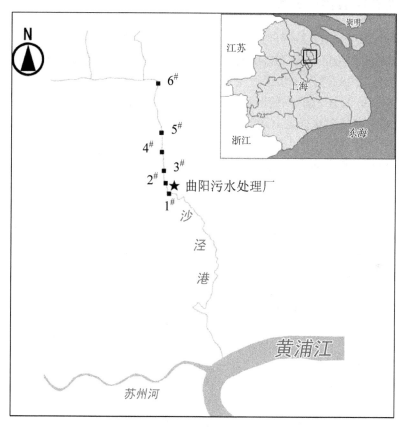

图 6.3 沙泾港河段采样点示意图

6.1.4 样品的采集及保存

样品采集时间为 2010 年 12 月、2011 年 1 月、2011 年 3 月,共采集 6 次。其中污水厂排污口上游 50 m,排污口下游 150 m、400 m、800 m、1600 m 及 2400 m 处的水样和沉积物样品主要集中在 2011 年 3 月份采集,共采集 3 次。2010 年 12 月和 2011 年 1 月主要采集污水处理厂排污口处、排污口上游 50 m 和下游 200 m 的水样,共采集 3 次。样品运回实验室后,水样用 0.7 μm 的玻璃纤维滤膜进行过滤（Whatman，Maidstone，England），分别收集颗粒物和过滤后水样，水样置于4℃冰箱保存，并于 2 天内处理完毕。颗粒物用铝箔纸包裹，用冷冻干燥机干燥24～48 h 后，取出置于−18℃冰箱，待后续处理分析。采集的沉积物样品置于不锈钢瓶中在−18℃的冰箱中冷冻 24 h。冷冻的泥样在冷冻干燥机中冷冻干燥 24～48 h，取出置于−18℃冰箱中待用。

6.1.5   水样中胶体的分离

水样经 0.7 μm 的玻璃纤维滤膜进行过滤后，经过装有 0.1 μm 的玻璃纤维滤膜（Whatman，Maidstone，England）的预过滤系统（10 inch Millipore prefilter），得到预滤液。预滤液进一步通过切向流超滤（CFUF）系统（Millipore Standard Pellicon System）。CFUF 系统所用超滤膜为孔径 5 kDa 的 Millipore PLAC 超滤膜包。超滤系统在处理水样之前用 Millipore 水、0.5 mol/L 的 NaOH 溶液进行严格清洗，清洗后再用 50 mL 待处理样品循环 10～15 min 对系统进行润洗。水样经过超滤处理后，所得到的保留液是某种粒径胶体粒子被浓缩若干倍数的胶体浓缩液，而透过液是不含该粒径及以上粒子的超滤液。水样的浓缩系数可以表示为

$$F=V_p/V_r$$

式中，V_p 为预滤液体积；V_r 为保留液体积。

本实验中浓缩因子为 10。在整个预过滤和超滤过程中分别收集各级滤液和保留液，得到包括原水样（0.7 μm 玻璃纤维滤膜过滤）在内的 3 级样品。

6.1.6   样品的预处理和定量分析

水相（包括原水样、各级滤液和保留液）、颗粒物和沉积物中的预处理和定量分析方法见第 5 章。

根据实验所用滤膜孔径，对各粒级的定义如下：粒径大于 0.7 μm 为颗粒相，5 kDa～0.7 μm 之间为胶体相，小于 5 kDa 为真溶解相。对于胶体，做如下细分：5 kDa～0.1 μm 为微胶体，0.1～0.7 μm 为较大胶体。

0.1～0.7 μm 级胶体相的目标酸性药物含量等于透过 0.7 μm 滤膜的滤液与透过 0.1 μm 超滤膜的滤液的目标酸性药物浓度之差。5 kDa～0.1 μm 级胶体相的目标酸性药物含量则由保留液目标酸性药物含量根据公式计算得到

$$C_c=（C_r−C_p）/f$$

式中，C_c 为胶体中目标酸性药物浓度；C_r 为保留液中目标酸性药物浓度；C_p 为超滤液（真溶解相）中目标酸性药物浓度；f 为浓缩系数。

采用 Shimadzu TOC-V$_{CPN}$ 分析仪（含固体样品模块）分析样品中水相（包括原水样、各级滤液和保留液）总有机碳含量。分别在 900℃测定出总碳（TC）和

在 200℃下加磷酸测定出无机碳（IC），总有机碳含量即为 TC 和 IC 之差。所有样品进行了平行样分析（$n=3$），相对标准偏差小于 3%。

6.1.7 质量控制与质量保证（QA/QC）

样品分析过程中采用方法空白、基质加标、基质加标平行样和样品平行样等措施进行质量控制。每个分析样品中均要加入回收率指示物涕丙酸。每分析 5 个样品，同时分析 QA/QC 样品，包括方法空白、空白加标、基质加标和基质加标平行样。方法空白用来控制整个实验流程中是否有人为或环境因素带来的污染。空白加标用来控制实验过程的准确性。基质加标是考察基质在整个实验流程中对目标化合物的影响。基质加标平行样用来考察方法的重现性。水样中回收率指示物的回收率为 82.7%～94.5%，沉积物样品和颗粒物样品中回收率指示物的回收率为 85.7%～103%。五种目标物的回收率为 96.7%～104.6%。目标物在空白中均未检出，所有样品浓度均没有经过回收率校正。

每次测样均对标准曲线进行校正，当标准曲线中标样的回收率小于 80%时，要重新配制标准曲线溶液。样品中未检出的目标物，浓度以 0 计算；低于 LOD 的，以 1/2 LOD 计算。

6.2 结果与讨论

6.2.1 河流沉积物中典型酸性药物的浓度水平

如表 6.1 所示，是环境受纳水体沙泾港所处曲阳污水厂排污口上游 50 m 和下游 150 m、400 m、800 m、1600 m 和 2400 m 处河流沉积物中五种酸性药物的分布情况。由表 6.1 可以看出，在沉积物样品中检出率最高的目标药物组分是 DFC，其次是 CA。其中在排污口下游 1600 m 采样点处的 DFC 浓度最高（平均值为 12.9 ng/g）。所有沉积物样品均未检测出 NPX；部分沉积物样品中能检测出很少量的 KEP 和 IBP，且浓度低于检测限。这一结果从一定程度表明了 DFC 和 CA 的难生物降解性和持久性，对水体生物可能存在潜在的风险[6]。根据第 3 章中污水处理厂的处理效果分析，IBP 和 NPX 易被微生物降解，因此，吸附在颗粒物上并通过沉降进入沉积物中的 IBP 和 DFC 可能被微生物降解，从而导致沉积物样品中未检出或只有少量被检出。同时，较低的水相浓度也是沉积物中目标药物浓度较低的原因。另外，各种目标药物较低的 K_d 值和酸性化学结构也是它们在沉积物中含量较低的原因之一。有研究表明，酸性药物在河流沉积物中的浓度与沉积物总有机碳含量存在正相关[7, 8]。Varga 等对河流水体和沉积物中的 DFC、IBP、NPX 进行了调查研究，结果表明，只有 NPX 和

DFC 在沉积物中检测到，浓度分别为 2～20 ng/g 和 5～38 ng/g，另外还发现沉积物中 NPX 和 DFC 的含量与沉积物中有机碳含量存在明显的正相关，相关系数分别为 0.925 和 0.946[7]。

表 6.1　河流沉积物中典型酸性药物的浓度（ng/g）

采样点	KEP		NPX		CA		DFC		IBP	
	范围	Mean± SD	范围	Mean± SD	范围	Mean± SD	范围	Mean± SD	范围	Mean± SD
上游 50 m	<LOD[a]	<LOD	nd	nd	<LOD～ 2.18	1.73±0. 64	3.23～ 6.65	4.89± 1.71	<LOD	<LOD
下游 150 m	nd	nd	nd	nd	nd～3.01	1.67±1. 52	5.23～ 8.29	6.83± 1.54	nd	nd
下游 400 m	nd	nd	nd	nd	<LOD～ 2.84	1.96±0. 92	7.18～ 11.6	9.76± 2.31	<LOD	<LOD
下游 800 m	<LOD	<LOD	nd	nd	<LOD～ 2.15	1.74±0. 64	6.27～ 12.3	8.91± 3.07	<LOD	<LOD
下游 1.6 km	nd	nd	nd	nd	<LOD～ 2.12	1.72±0. 62	6.75～ 14.0	12.9± 5.69	<LOD	<LOD
下游 2.4 km	<LOD	<LOD	nd	nd	<LOD～ 2.33	1.79±0. 7	7.89～ 12.1	10.0± 2.13	<LOD	<LOD

a. <LOD 表示低于检测限。

6.2.2　河流水体中典型酸性药物的浓度水平

1. 颗粒相

图 6.4 显示了河流各采样点处颗粒物中目标药物的浓度。与沉积物相比，很少有研究报道水体颗粒物中药物污染的浓度。与相对应的采样点处的沉积物相比，颗粒物中目标药物的检出率明显比沉积物中的检出率高，所有的样品中均检测到 DFC 和 CA，90%的样品中检测到 KEP、NPX 和 IBP，且颗粒物样品中的部分药物浓度比相应的沉积物中的浓度高出 1～3 倍。原因可能是颗粒物中有机碳含量高于沉积物中的有机碳含量。DFC 和 CA 是颗粒物中主要的两种目标药物，这与沉积物的结果相似。颗粒物中 DFC 和 CA 的浓度范围分别为 5.83～18.9 ng/g 和 1.7～6.3 ng/g。DFC 和 IBP 在排污口处颗粒物样品中浓度最高，原因可能是排污口处较高的水相浓度和较高的水体中颗粒物浓度（排污口处颗粒物浓度为 51 mg/L，其他采样点处颗粒物浓度为 30.4～39.9 mg/L。但是 KEP、NPX 和 CA 在排污口处颗粒物中的浓度比其他采样点处颗粒物中的浓度低，这一现象可被称为"颗粒物浓度效应"[9, 10]，即随着颗粒物含量的增加，有机污染物在颗粒物上的浓度明显降低。对"颗粒物浓度效应"机制主要有两种解释，一种认为与固液两相的不完全分离有关，极细颗粒在分离时仍能通过滤膜，而

被视为可溶解部分，随着颗粒物浓度增加，这部分可滤过的细颗粒物也随之增加，从而造成颗粒物中有机物污染物浓度的降低。另一解释则是基于颗粒间的相互作用[11]，当胶体粒子与微小悬浮颗粒物的表面电荷被水中离子中和时，彼此会相互碰撞而聚合，当颗粒物浓度增加时，通过碰撞而聚合的细颗粒物增加，从而减少了颗粒物对有机物质的吸附比表面积，因此造成颗粒物中有机物污染物浓度的降低。本研究中这种分配系数的降低可能与颗粒物组成的关系更为密切一些，当颗粒物浓度较低时，颗粒物主要由细的永久悬浮的颗粒物组成，这些细颗粒物一般具有较高的有机碳含量，因此，有机污染物浓度较高。随着颗粒物浓度增加，更多粗颗粒物质存在于悬浮颗粒物中，这些粗颗粒物质以无机矿物为主要成分，具有较低的有机碳浓度，从而稀释了细颗粒物中有机碳含量，造成颗粒物中目标药物浓度降低。

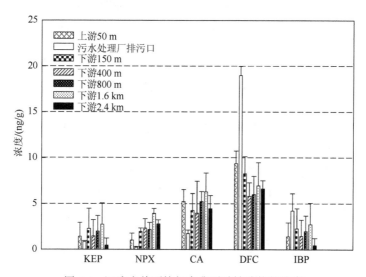

图 6.4　河流水体颗粒相中典型酸性药物的浓度

2. 溶解相

受纳河流中污染物的浓度很大程度上取决于废水对接受水体的贡献和废水的稀释。图 6.5 给出了曲阳污水厂排污口、排污口上游 50 m 及下游 150～2400 m 处的五种目标药物的浓度水平。在排污口上游 50 m 处均检测到五种目标药物，这可能是污水处理厂出水中残余药物排放后经水流扩散所致。在污水厂排污口处，KEP、NPX、CA、DFC 和 IBP 五种目标药物的浓度明显增加，且在所有采样点中浓度最高，分别为 8.1 ng/L、13.4 ng/L、50.9 ng/L、151 ng/L 和 174 ng/L。排污口下游药物浓度普遍比上游浓度高，这一结果表明了污水处理厂是沙泾港河流中目标药物的主要来源。

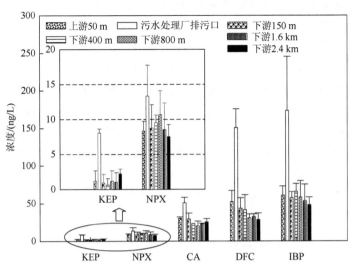

图 6.5　河流溶解相中典型酸性药物的浓度

在所有的样品中，IBP、DFC 和 CA 是三种主要的目标药物，药物的分布类型与污水厂出水中的分布类型相似，这表明，在河流中五种酸性药物没有发生明显的降解，稀释可能是目标药物在河流中浓度发生变化的主要作用。本章的采样时间在 2010 年 12 月、2011 年 1 月和 3 月，采样期间水温较低，不利于污染物的生物降解。有研究表明，深冬和春季河流水温较低，微生物的生长减缓或终止，从而影响微生物降解的进行，这与本章的结果一致。沿着排污口向下游迁移的过程中，五种目标药物在排污口下游所有采样点处的浓度明显低于污水处理厂排污口处的浓度，在下游 400 m 以后的采样点处，浓度虽呈现下降的趋势，但是下降的幅度并不明显，浓度变化并不是呈理想的递减趋势。原因可能是在采样期间，河流的稀释作用较弱。由于稀释因素因采样点处水的流速而定，同时也会因地点和季节的变化而发生数量级的变化。本章中五种目标药物的浓度水平在文献报道水平范围内。在欧洲远离点源的地表水中发现了脂肪调节因子 CA，它的浓度达到 10 ng/L[12]。在加拿大大湖区域也发现了低浓度的 CA 和 KEP[13]。在我国的黄河、海河和辽河水体中也分别检测到了 NPX、CA、DFC 和 IBP，其中 NPX 的浓度为 nd～40.7 ng/L、CA 的浓度为 nd～82.8 ng/L、DFC 的浓度为 nd～717 ng/L、IBP 的浓度为 nd～416 ng/L[14]。Peng 等对我国广州城市河流中的药物组分进行检测，检测到 IBP 的浓度为 nd～1417 ng/L、CA 的浓度为 nd～248 ng/L、NPX 的浓度为 nd～328 ng/L[15]。在英国地表水中 IBP 的浓度达到 5.0 μg/L[16]。有研究表明，光降解是 DFC 在河流中的主要去除途径[17]，但是本节所进行的研究中，DFC 在河流中的浓度减少不明显，原因可能是采样期间光照强度不足。Tixier 等使用现场测量和模型的方法，估计了一个湖泊中包括 CA、IBP、DFC、KEP 和 NPX 在内的 5 种药物的总体去除速率[17]。结果表明，CA 在自然水体中相当难降解，微生物降解和光降解都不是 CA 的主要去除途径。

6.2.3　河流胶体和真溶解相中典型酸性药物的分配

作为颗粒相和真溶解相之间的联系，胶体颗粒非常微小，在天然水体中可以比颗粒物更加稳定的存在，具有独特的迁移能力和活跃的化学性质[18-20]。大量的研究表明胶体对河流等环境水体中有机污染物的迁移起着重要的作用。为了确定水体中的胶体对目标酸性药物在环境水体中迁移的贡献，分别对污水处理厂排污口处、排污口上游 50 m 和下游 200 m 处采集的水样，进行了两种粒级胶体的分离，通过分析得到胶体和真溶解相中目标药物的分布情况。图 6.6 给出了不同粒级胶体中的典型酸性药物浓度和真溶解相中典型酸性药物的浓度。从图 6.6 可以看出胶体中的目标酸性药物主要分布在较大的胶体范围（0.1～0.7 μm）内，真溶解相中目标药物的含量明显低于传统溶解相。0.1～0.7 μm 的胶体中，KEP、NPX、CA、DFC 和 IBP 的浓度分别为 0.27～0.35 ng/L、0.41～3.14 ng/L、1.6～5.6 ng/L、8.7～32.5 ng/L 和 5.4～14.5 ng/L。5 kDa～0.1 μm 的胶体中，KEP、NPX、CA、DFC 和 IBP 的浓度分别为 0.13～0.87 ng/L、0.13～1.66 ng/L、0.89～9.9 ng/L、4.04～18.6 ng/L 和 1.58～3.95 ng/L。真溶解相中 KEP、NPX、CA、DFC 和 IBP 的浓度分别为 3.41～7.55 ng/L、6.3～13.7 ng/L、12.4～27.8 ng/L、76.2～103.8 ng/L 和 28.4～113.4 ng/L。根据不同粒级胶体和真溶解相中目标药物的浓度，得出 4.7%～7.9% KEP、6.5%～23% NPX、13.3～26.3% CA、19.2%～37.3% DFC 和 6.6%～12.8% IBP 分布在 0.1～0.7 μm 的胶体中；3.3%～11.6% KEP、2.2%～12.1% NPX、5.3%～35.9% CA、9%～17.9% DFC 和 3.3%～5.6% IBP 分布在 5 kDa～0.1 μm 的胶体中；剩余的分布在真溶解相中。Zhou 等报道 10%～29%的内分泌干扰物（EDC）分布在水胶体相中。这些结果进一步强调和揭示了胶体是水环境中药物污染物的蓄积库[21]。

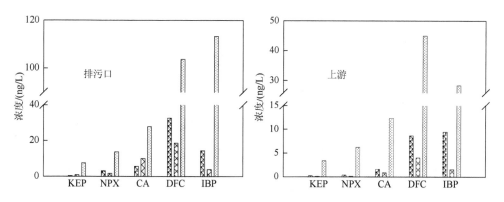

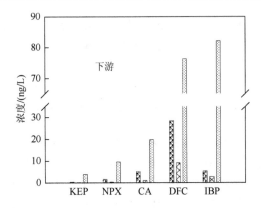

图 6.6　不同粒级胶体和真溶解相中五种酸性药物的浓度

水相中目标药物和胶体的关系表达如式（6.1）所示[22, 23]。

$$\text{Pharmaceutical}_{\text{free}} + \text{Colloids} \longrightarrow \text{Pharmaceutical}_{\text{colloids}} \qquad (6.1)$$

五种酸性药物在胶体和真溶解相中的分配系数 K_p，如式（6.2）所示。

$$K_p = \frac{[\text{Pharmaceutical}]_{\text{colloids}}}{[\text{Pharmaceutical}]_{\text{free}}[\text{Colloids}]} \qquad (6.2)$$

式中，K_p 为药物在胶体和溶解相中的分配系数，L/mg；[Pharmaceutical]$_{\text{free}}$ 为真溶解相中目标药物的浓度，ng/L；[Colloids]为胶体的浓度，mg/L。

由式（6.3）可以得出有机碳均一化的胶体分配系数 K_{coc}（mL/g）。

$$K_{\text{coc}} = \frac{K_p}{f_{\text{oc}}} \qquad (6.3)$$

将式（6.3）代入式（6.2）得到式（6.4）：

$$K_{\text{coc}} = \frac{[\text{Pharmaceutical}]_{\text{colloids}}}{[\text{Pharmaceutical}]_{\text{free}}[\text{COC}]} \qquad (6.4)$$

式中，[COC]为胶体有机碳浓度，mg/L。

由式（6.4）根据胶体和真溶解相中目标药物的浓度，可计算出污水处理厂排污口处、排污口上游 50 m 和下游 200 m 处水样中目标酸性药物的有机碳均一化的胶体-溶解相分配系数 K_{coc}。

表 6.2 给出了五种酸性药物的胶体有机碳均一化的 K_{coc} 值。由表可知，KEP、NPX、CA、DFC 和 IBP 的 lgK_{coc} 分别为 2.35～2.56、2.41～2.69、2.78～2.89、2.84～3.07 和 2.37～3.06。Maskaoui 等通过实验室研究，测得 FC 的 lgK_{coc} 为 5.29，高于本研究实际环境条件下测得的 DFC 的 lgK_{coc} 值[23]。原因可能是实际环境条件下，

DFC 在胶体上的吸附受水体的 pH、水胶体有机碳含量等因素的影响。

表 6.2　五种酸性药物的有机碳均一化的胶体-真溶解相分配系数（K_{coc}）

药物	排污口		上游		下游	
	K_{coc}/（mL/g）	lgK_{coc}/（mL/g）	K_{coc}/（mL/g）	lgK_{coc}/（mL/g）	K_{coc}/（mL/g）	lgK_{coc}/（mL/g）
KEP	226	2.35	364	2.56	265	2.42
NPX	487	2.69	256	2.41	488	2.69
CA	781	2.89	602	2.78	752	2.88
DFC	684	2.84	830	2.92	1173	3.07
IBP	226	2.35	1144	3.06	234	2.37

6.2.4　典型酸性药物在河流水体溶解相、颗粒相和胶体相中的质量平衡

为进一步评价胶体中药物对水环境中药物的贡献，分别对五种酸性药物在水体颗粒物、胶体和真溶解相等三相中的质量分数进行计算（图 6.7）。一定比例的药物分布在胶体相中。10%~14%的 KEP 分布在胶体相中，同样地，8%~26%的 NPX、17%~36%的 CA、22%~33%的 DFC 和 9%~28%的 IBP 分布在胶体相中。Yang 等对长江口海岸水体中的几种药物的三相分布进行研究，结果表明，大约 18%的 DFC 分布在水胶体中[24]。Maskaoui 等的研究结果表明，9%~73%的 DFC 分布在水胶体相中。这些研究结果与本节研究结果一致[23]。由于所采水样中较少的颗粒物量，颗粒物中五种酸性药物分布较低，与胶体相比，颗粒物对水系统中药物的贡献较小。因此，本节研究结果证实了水胶体是水环境中药物组分的储库或汇，同时也是药物组分在水系统中迁移的载体。

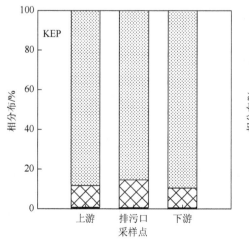
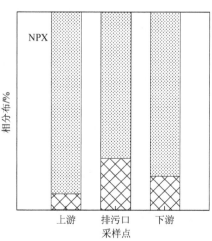

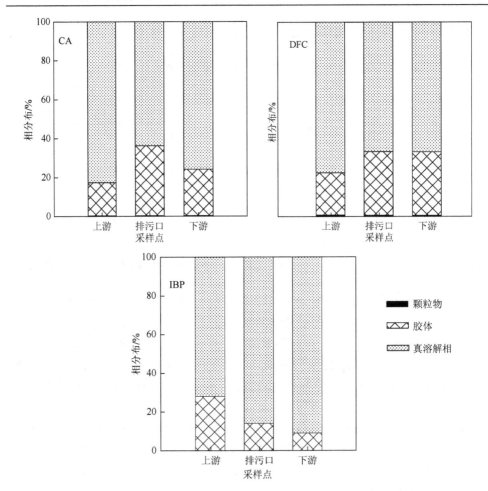

图 6.7　五种酸性药物在水体颗粒物、胶体和真溶解相等三相中的质量平衡

6.2.5　典型酸性药物在沙泾港沉积物中的库存

　　根据前面的讨论结果，DFC 和 CA 有相对强的吸附于颗粒物上的趋势，因此可通过沉降和相分配过程进入河流沉积物中。因此进一步评价了 DFC 和 CA 在沙泾港河流沉积物中的库存情况。DFC 和 CA 在沙泾港河流沉积物中的库存（I, g）通过式（6.5）计算[25]：

$$I = kC_i Ad\rho \tag{6.5}$$

式中，C_i 为河流沉积物中 DFC 或 CA 的平均浓度，ng/g；A 为沙泾港河流的面积，km^2；d 为沉积物样品厚度，cm；ρ 为干沉积物颗粒平均密度，g/cm^3；k 为单位转换系数。沙泾港河流面积为 0.128 km^2，假定沉积物密度为 1.5 g/cm^3，沉积物厚度为 5 cm。

根据式（6.5）及 DFC 和 CA 在河流沉积物中的平均浓度 8.7 ng/g 和 1.77 ng/g，分别计算出 DFC 和 CA 在沙泾港河流沉积物中的库存分别为 84 g 和 17 g。由于二者的持久性，河流沉积物中的 DFC 和 CA 的库存量很可能通过脱附过程成为潜在的污染源。因此，河流沉积物不仅是这两种污染物的汇，同时也是地表水系的潜在污染源。

6.3 小 结

（1）污水处理厂受纳河流中均检测到五种目标酸性药物，且排污口下游药物浓度普遍比上游浓度高，这一结果表明了污水处理厂是环境受纳水体中药物的主要来源之一。

（2）在河流沉积物样品中检出率最高的目标药物组分是 DFC，其次是 CA。通过估算得出 DFC 和 CA 在沙泾港河流沉积物中的库存分别为 84 g 和 17 g。由于二者的持久性，河流沉积物中的 DFC 和 CA 的库存量很可能通过脱附过程成为潜在的污染源。因此，河流沉积物不仅是这两种污染物的汇，同时也是地表水系的潜在污染源。

（3）通过测定五种酸性药物在真溶解相、颗粒相、胶体相中的分配规律，探讨它们在环境水体中的行为。研究发现，目标药物主要分布在真溶解相中，一定程度上反映了五种酸性药物的生物有效性，可能给生物体带来潜在的风险。在胶体相中的比例高于颗粒相中的所占的比例，表明水胶体是水环境中药物组分的储库或汇，同时也是药物组分在水系统中迁移扩散的载体。

参 考 文 献

[1] Bartelt-Hunt S L, Snow D D, Damon T, et al. The occurrence of illicit and therapeutic pharmaceuticals in wastewater effluent and surface waters in Nebraska. Environmental Pollution, 2009, 157 (3): 786-791.

[2] Lapen D R, Topp E, Metcalfe C D, et al. Pharmaceutical and personal care products in tile drainage following land application of municipal biosolids. Science of the Total Environment, 2008, 399 (1-3): 50-65.

[3] MacLeod S L, Wong C S. Loadings, trends, comparisons, and fate of achiral and chiral pharmaceuticals in wastewaters from urban tertiary and rural aerated lagoon treatments. Water Research, 2010, 44 (2): 533-544.

[4] van de Steene J C, Stove C P, Lambert W E. A field study on 8 pharmaceuticals and 1 pesticide in Belgium: Removal rates in waste water treatment plants and occurrence in surface water. Science of the Total Environment, 2010, 408 (16): 3448-3453.

[5] Kasprzyk-Hordern B, Dinsdale R M, Guwy A J. The removal of pharmaceuticals, personal care products, endocrine disruptors and illicit drugs during wastewater treatment and its impact on the quality of receiving waters. Water Research, 2009, 43 (2): 363-380.

[6] Hernando M D, Mezcua M, Fernández-Alba A R, et al. Environmental risk assessment of pharmaceutical residues in wastewater effluents, surface waters and sediments. Talanta, 2006, 69 (2): 334-342.

[7]　Varga M, Dobor J, Helenkár A, et al. Investigation of acidic pharmaceuticals in river water and sediment by microwave-assisted extraction and gas chromatography-mass spectrometry. Microchemical Journal, 2010, 95 (2): 353-358.

[8]　Vazquez-Roig P, Segarra R, Blasco C, et al. Determination of pharmaceuticals in soils and sediments by pressurized liquid extraction and liquid chromatography tandem mass spectrometry. Journal of Chromatography A, 2010, 1217 (16): 2471-2483.

[9]　Schrap S M, Haller M, Opperhuizen A. Investigating the influence of incomplete separation of sediment and water on experimental sorption coefficients of chlorinated benzenes. Environmental Toxicology and Chemistry, 1995, 14 (2): 219-228.

[10]　Voice T C, Rice C P, Weber W J. Effect of solids concentration on the sorptive partitioning of hydrophobic pollutants in aquatic systems. Environmental Science and Technology, 1983, 17 (9): 513-518.

[11]　Servos M R, Muir D C G. Effect of suspended sediment concentration on the sediment to water partition coefficient for 1, 3, 6, 8-tetrachlorodibenzo-p-dioxin. Environmental Science and Technology, 1989, 23 (10): 1302-1306.

[12]　Buser H R, Poiger T, Müller M D. Occurrence and fate of the pharmaceutical drug diclofenac in surface waters: Rapid photodegradation in a lake. Environmental Science and Technology, 1998, 32 (22): 3449-3456.

[13]　Metcalfe C D, Koenig B G, Bennie D T, et al. Occurrence of neutral and acidic drugs in the effluents of Canadian sewage treatment plants. Environmental Toxicology and Chemistry, 2003, 22 (12): 2872-2880.

[14]　Wang L, Ying G G, Zhao J L, et al. Occurrence and risk assessment of acidic pharmaceuticals in the Yellow River, Hai River and Liao River of north China. Science of the Total Environment, 2010, 408 (16): 3139-3147.

[15]　Peng X, Yu Y, Tang C, et al. Occurrence of steroid estrogens, endocrine-disrupting phenols, and acid pharmaceutical residues in urban riverine water of the Pearl River Delta, South China. Science of the Total Environment, 2008, 397 (1-3): 158-166.

[16]　Madureira T V, Barreiro J C, Rocha M J, et al. Spatiotemporal distribution of pharmaceuticals in the Douro River estuary (Portugal) . Science of the Total Environment, 2010, 408 (22): 5513-5520.

[17]　Tixier C, Singer H P, Oellers S, et al. Occurrence and fate of carbamazepine, clofibric acid, diclofenac, ibuprofen, ketoprofen, and naproxen in surface waters. Environmental Science and Technology, 2003, 37 (6): 1061-1068.

[18]　Graham M C, Oliver I W, MacKenzie A B, et al. An integrated colloid fractionation approach applied to the characterisation of porewater uranium-humic interactions at a depleted uranium contaminated site. Science of the Total Environment, 2008, 404 (1): 207-217.

[19]　Worsfold P J, Monbet P, Tappin A D, et al. Characterisation and quantification of organic phosphorus and organic nitrogen components in aquatic systems: A review. Analytica Chimica Acta, 2008, 624 (1): 37-58.

[20]　Ren H, Liu H, Qu J, et al. The influence of colloids on the geochemical behavior of metals in polluted water using as an example Yongdingxin River, Tianjin, China. Chemosphere, 2010, 78 (4): 360-367.

[21]　Maskaoui K, Zhou J. Colloids as a sink for certain pharmaceuticals in the aquatic environment. Environmental Science and Pollution Research, 2010, 17 (4): 898-907.

[22]　Zhou J L, Liu R, Wilding A, et al. Sorption of selected endocrine disrupting chemicals to different aquatic colloids. Environmental Science and Technology, 2006, 41 (1): 206-213.

[23]　Maskaoui K, Hibberd A, Zhou J L. Assessment of the interaction between aquatic colloids and pharmaceuticals

facilitated by cross-flow ultrafiltration. Environmental Science and Technology,2007,41(23):8038-8043.

[24] Yang Y,Fu J,Peng H, et al. Occurrence and phase distribution of selected pharmaceuticals in the Yangtze Estuary and its coastal zone. Journal of Hazardous Materials,2011,190(1-3):588-596.

[25] Sun J,Feng J,Liu Q, et al. Distribution and sources of organochlorine pesticides(OCPs)in sediments from upper reach of Huaihe River,East China. Journal of Hazardous Materials,2010,184(1-3):141-146.

第7章 Level Ⅲ模型对典型PhACs环境归趋的模拟

7.1 多介质逸度模型

7.1.1 逸度模型的概念

逸度这一概念最早是由Lewis于1901年提出来作为各相之间的一种平衡标准的,1979年加拿大特伦特(Trent)大学环境模型研究中心的Donald Mackay首次将这一概念引入有机化学品在环境各相中的分布与预测模型的研究,并提出了逸度模型。在Maekay的专著 *Multimedia Environmental Models: The Fugacity APProach* 中,详细阐述了逸度模型的原理和使用方法,并结合多年来的应用研究实例,对逸度模型做了进一步的完善和发展。该方法以逸度概念为基础,利用质量平衡原理,描述污染物在环境系统中的行为。逸度模型提供了一个理想的多介质模型,适用于描述污染物在大气、水体、土壤和底泥构成的多介质环境或生物圈中的行为归趋及它们对生物群落多样性的影响,当这些环境行为以定量的形式表达出来时,就能够更加直观地描述被研究物质在各介质中的分配及其环境归趋。数学和计算机模型在环境中的应用,为环境科学的研究提供了一个便捷的用以描述污染物环境行为的方法,并为筛选、评估、预测化合物的环境行为提供定量描述。

根据所研究系统的复杂性,逸度模型可分为四级,其中应用最广泛的是三级逸度模型(Level Ⅲ)。

一级逸度模型(Level Ⅰ):平衡、稳态、非流动系统。这是有机物在体系中处于平衡分布时最简单的应用。不考虑化合物的输入与输出,也不考虑化合物在环境体系中发生的各种反应。

二级逸度模型(Level Ⅱ):平衡、稳态、流动系统。假定物质在各环境相间处于平衡状态,考虑化合物的稳态输入和平流输入,以及化合物在环境体系中发生的各种反应,如光解、水解、氧化还原、生物降解等,假定这些反应均为一级过程。

三级逸度模型(Level Ⅲ):非平衡、稳态、流动系统。考虑物质的稳态输入和输出。假定物质在各环境相间处于非平衡状态,考虑平流迁移、相邻相间的扩散迁移和物质在相内发生的各种反应,假定这些反应均为一级过程。

四级逸度模型(Level Ⅳ):非平衡、动态、流动系统。考虑物质的动态输入和输出。假定物质在各环境相间处于非平衡状态，考虑平流迁移、相邻相间的扩散迁移和物质在相内发生的各种反应，假定这些反应均为一级过程。

7.1.2　D. Mackay 的逸度模型

Donald Mackay 教授于 1979 年以热力学理论和质量平衡原理为基础，研究了逸度模型的优点和可行性，并引入了逸度和逸度容量的概念与计算方法，由于 I、II 级逸度模型过于理想化，无法准确反映或逼近实际的环境系统，因此，Prof. Mackay 又引入了化合物的排放、迁移和转化行为，从而得到III级和IV级逸度模型，III级逸度模型研究内容有：化合物在多介质体系的环境归趋，各形态化合物在各介质间的相互转化、分配、迁移的模拟，以不确定性分析。逸度模型可以应用在环境污染的模拟与预测、环境管理与污染控制决策、污染暴露评估与风险评价及环境监测和生物监测的优化设计等方面[1]。本章将采用 D. Mackay 所研究的 Level III逸度模型（http://www.trentu.ca/academic/aminss/envmodel/models/VBL3.html）对 5 种 PhACs 的环境行为进行研究。

7.2　Level III模型对典型 PhACs 环境归趋的模拟研究

7.2.1　EPI Suite^{TM} 模型计算目标 PhACs 物理化学性质

本章采用 Level III逸度模型评估河流水体中 PhACs 的环境归趋。Level III逸度模型是将整个环境区域划分为 4 个主相，即大气、水、土壤和沉积物。每一主相中又包括气体、水分、固体、生物（鱼、谷类、蔬菜）等不同子相。Level III模型基于稳态假设，认为环境中各相间逸度不相同，但各相内部逸度相同，化合物在环境各相中的分布已达到稳态，只要输入输出量不变，逸度值就不变。Level III逸度模型主要适用于稳态、非平衡系统，模型考虑污染物的稳态输入和输出，各相间的迁移，以及各相内发生的各种反应过程，且假设这些过程均属一级过程。

由于目前对本章中所选取的 PhACs 的相关研究非常有限，文献报道的物理化学性质实验数据很少，本章将采用由 EPA 污染毒性预测办公室与锡拉库扎研究公司 [EPA's Office of Pollution Prevention Toxics and Syracuse Research Corporation（SRC）] 联合研究开发的 EPI Suite^{TM} 软件，通过结构预测估算 PhACs 的物理化学性质等参数，在此基础上运用 Level III逸度模型预测 PhACs 的环境归趋。EPI Suite^{TM} 软件只需要非常简单地输入 CAS 号码，通过经验定量结构-属性关系（QSARs）来计算出一系列预测数据，包括 K_{ow}、K_{oc}、沸点、熔点、水溶性、生物富集性、生物降解性、空气中的氧化速率、水解速率、污水处理厂去除效率等。综合文献报道的实验数据和 EPI Suite^{TM} 软件计算的数据结果。以双氯芬酸和氯贝酸为例，两种 PhACs 的物理化学性质见表 7.1。

表 7.1 两种 PhACs 的物理化学性质

复合物	水溶解度 (mg/L)	lgK_{ow}	水蒸气压力/ (mmHg)	半衰期/h				物质的 熔点/℃
				水	沉淀	空气	泥土	
氯贝酸	582.5	2.57	0.0000754	900	8100	33.1	1800	101.27
双氯芬酸	4.518	4.51	0.00000614	900	8100	1.56	1800	174.6

7.2.2 LevelⅢ模型计算结果

　　为比较 PhACs 环境归趋，现将 PhACs 的物理化学性质代入 Level Ⅲ模型，假设处在一个稳态非平衡系统中，其他因素完全相同（包括各相的体积、化合物在各介质中的半衰期等），计算得出 5 种 PhACs 因物理化学性质所引起的环境行为的差异。将上述物化性质参数带入 Donald Mackay 的逸度模型 Level（http：//www.trentu.ca/envmodel），可以得到软件模拟的稳定状态下所选 PhACs 在多环境介质中的分配归趋图。以双氯芬酸和氯贝酸为例（图 7.1）。

　　如图 7.1 所示，在 level Ⅲ模型 default 模拟环境条件下，双氯芬酸定在四相间互相迁移、反应，平衡后，主要分布在沉积物和水相中，分配百分数分别为 60.6% 和 39.4%。氯贝酸在四相间互相迁移、反应，平衡后，主要分布在水相中，分配百分数为 99.7%。经过计算，其他三种 PhACs 在四相中具有相似的分配归趋，均主要存在于水相和沉积物中。

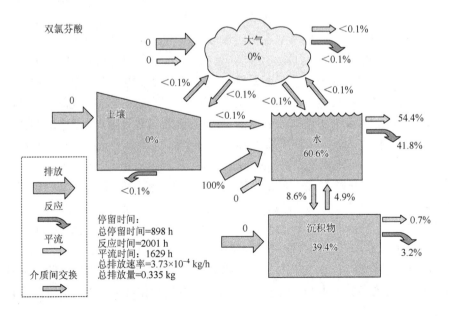

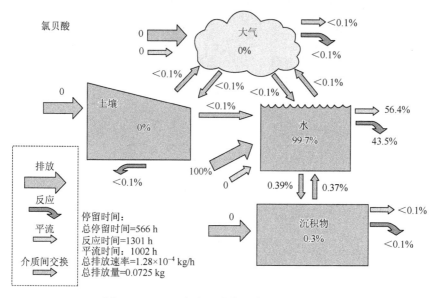

图 7.1　PhACs 在多环境介质中的分配归趋图

参 考 文 献

[1]　Mackay D，Paterson S. Evaluating the multimedia fate of organic chemicals：A level Ⅲ fugacity model. Environmental Science and Technology，1991，25（3）：427-436.

第四篇 环境中 PhACs 的风险评价

第 8 章　PhACs 的环境风险评估研究

PhACs 包括多种物质，其开发的初衷是有益地影响人类或牲畜生理系统的生化或物化功能。然而，这些物质具有很强的持久性和潜在的生物累积性，一旦流失到环境受纳体中会诱发土壤或水生栖息物等的物化或生化功能的改变。这些物质特殊的物化特性及被大量使用的现状，给环境和人类健康带来了一定的潜在风险。20 世纪 90 年代，由于兽类药物大量进入土壤和地表水，公众目光和监管机构开始倾注于兽医药品的环境风险评估[1]。近年来，有关报道逐渐转向了人类服用药的环境行为及其风险研究。

8.1　PhACs 的物化特性及其对环境介质的影响

8.1.1　PhACs 的物化特性

PhACs 分子通常有很多官能团，如羧基、醛基和氨基等，这就使得 PhACs 组分和固体物质的结合能力及降解行为依赖于 pH 或其他的固相基质组分（如络合等）。例如，PhACs 组分的在固相表面的吸附和物化处理过程中的转化取决于 PhACs 组分的亲脂性或酸性。另外，PhACs 组分的另一个主要特征是没有共性结构，有些只有一个芳香环，而有些有多个氯原子。例如，激素和活性类固醇没有特异性，对所有的生命有机体可产生生物效应。它们以较低的水平存在于环境中，但即便是在低于 ng/L 的浓度水平也会产生内分泌效应，并且这些物质在一般的环境条件下具有较强的持久性，能稳定地吸附在沉积物微小颗粒的表面，且有较高的生物累积潜能[2]。

8.1.2　对环境介质的影响

PhACs 在生态系统中具有较强的持久性、生物活性、生物累积性和缓慢生物降解性的特点，使它们长期暴露于人体和水生、陆生生物体，给生态环境和人类健康带来了潜在的危险。

而且越来越多的证据表明存留在环境介质中的这些物质正在以各种各样的方式影响着环境中的非目标生物体，如高等生物的性别比、生物地球化学循环局部的变化、植物生长的渐进改性、幼虫蜕皮或孵化幼仔的失败、各种畸形生命体在解剖过程中生理结构表现出不同程度的变化等[3]。

1. PhACs 在地表水中可能存在的不利影响

近年来，以 μg/L 低浓度存在的内分泌紊乱的化合物（如激素）对水生生物所产生的严重雌性化或雄性化的影响受到了公众和环境研究者的关注。同时，发现具有特殊生物影响的其他药物同样对环境具有危害性。已经有报道证实环境浓度水平的雌激素效应和肾脏的变化分别和避孕药物 17-α 乙炔雌二醇和消炎的二氯苯二磺酰胺有关[4]。Oaks 等强调了兽医使用的二氯苯二磺酰胺残留物引起了兀鹰肾脏功能的衰退，最终导致巴基斯坦兀鹰数量的急剧下降（＞95%）[5]。

2. 暴露于含有 PhACs 的地下水和饮用水中的潜在影响

现代化的污水处理厂（STPs）不能充分地去除 PhACs 和其他极性的新型污染物，因此这些有机化合物在没有测定特殊环境影响的情况下，就直接排放进入受纳水体中。结果通过（计划或计划外）间接可饮用水的回用、城市 STPs 的排放，导致了这些化学物质暴露于环境并最终存在于饮用水中。尽管到目前为止，没有确定饮用水消费者所面临的毒性风险，但由于未知问题和潜在风险的广泛多样性，地下水和饮用水的污染必须避免。在一些情况下，PhACs 有着极强的生物持久性，例如，雌激素可对内分泌系统产生多点位多机制的潜在干扰。

3. 吸收 PhACs 的沉积物、悬浮固体和消化污泥的污染

极性 PhACs 组分如氟喹诺酮类（fluoroquinolones）和其他有机微污染物都显示有较强的吸附性能[6]。在废水处理中，强吸附性的化合物通常是通过累积在污泥上而从水相中达到较大程度的去除。因此，这些化合物由于具有较高的污泥/水分配系数（K_d 值）和较强的持久性而进入消化污泥中。如果消化污泥作为肥料施于农田，这些化合物会迁移到陆地上，在土壤的表层累积，经雨水冲刷进入地表水中。持久性的 PhACs 组分如果累积在悬浮物质或沉积物上，则会长期暴露在河流、湖泊，甚至是大水淹没的土地中，给整个生态系统带来潜在危害。

4. 食物链中 PhACs 的生物富集

一些 PhACs 由于它们具有较强的亲脂性，会累积在鱼类或其他生物体中。这一过程将成为 PhACs 在食物链中富集的源头。不但如此，即便是极性的药物如消炎的二氯苯二磺酰胺也被报道累积在彩虹鳟鱼的胆汁和肝脏中，浓度系数高达2700。这表明 PhACs 在生物体中的富集具有普遍性。鱼类暴露于这些 PhACs 和人类对鱼类的食用引起了不少的担忧。

8.2　PhACs 潜在风险分析

8.2.1　对 MXR 的抑制

有研究报道，水环境中 PhACs 的存在会对水生生物的多组分异生物素抗性（multixenobiotic resistance，MXR）产生抑制。MXR 机制是水生生物抵御内源性和外源性有毒物质的"第一道防线"。MXR 的产生源于细胞的一种快速流出物，该物质是各种潜在毒性异生物质通过跨膜转运蛋白流出细胞时产生的。但 MXR 对环境化学品有极强的敏感性，这些化学物质起的特异性抑制剂的作用，具有阻滞异生物素活性流出物的潜能，引发其在胞内的快速累积。从生态学角度看，对 MXR 抑制的主要结果是使水生生物对大量异生物素，尤其是水环境中典型异生物素的化学敏感性增加。Tvrtko Smital 等研究了 PhACs 对水生生物 MXR 的抑制作用，发现在 PhACs 暴露下，蚌类体内的 MXR 明显降低，而致突变代谢产物和海胆胚胎凋亡细胞数量明显增加。另外，他们以传统的杀虫剂及它们的代谢产物为研究对象，结果表明一些杀虫剂在环境浓度下就表现出了极高的 MXR 抑制潜能[7]。

8.2.2　抗生素抗性

环境中过低的药物浓度导致了药物抗性的出现。有研究者称污水生物处理厂的剩余污泥是微生物通过改变基因标识获得抗生素抗性的温床。该观点引起了人们对生物污水处理厂是否是耐药性微生物和抗病基因一个重要来源的极大关注，污水处理厂出水中 PhACs 的普遍检出，使这一公众问题显得更加重要。

Reinthaler 等在一个污水处理厂中发现了耐药性比例极高的 E 型大肠菌，并得出了抗生素类药物的最高耐药率，如表 8.1 所示。

表 8.1　抗生素类药物的耐药率

抗生素类药物	最高耐药率/%
氨苄西林	18
哌拉西林	12
头孢菌素中的噻吩	35
头孢呋辛酯	11
喹诺酮类的萘啶酸	15
磺胺甲基异噁唑	13
四环素	57

他们的检测结果表明被测试受纳水体中的 E 型大肠菌数超过了 102 CFU/mL，

由此证明了污水处理厂是耐药性细菌在环境中扩散的源头[8]。

尽管活性污泥中有耐药性微生物存在，但也有研究表明生物处理工艺可以削减耐药性微生物的浓度。Auerbach 等发现活性污泥工艺可以降低携带四环素耐药性基因（*tetQ* 和 *tetG*）的菌种总浓度（以每毫升的基因副本表示），但是发现处理出水中菌种携带 *tetQ* 和 *tetG* 的碎片比在进水中高。这一结果表明，尽管携带 *tetQ* 和 *tetG* 的菌种总浓度降低了，但菌种携带这些基因的碎片却没有得到削减[9]。

8.3　PhACs 的环境风险评估研究进展

欧洲药品管理局及其学术委员会于 1996 年核准了兽医用药风险评估指引，并于随后的 2001 年草拟了人类服用药物风险评估指引的讨论文件，该文件在 2003 年和 2005 年相继修正后于 2006 年颁布。评估指引指出药物的风险评估分为两个步骤，首先是粗略的暴露评估。假设预测浓度超过了环境浓度的阈值（如兽药在土壤中为 100 μg/kg、人类医药在地表水中的浓度为 10 ng/L），需要进行第二阶段的风险评估，此阶段需得出环境中药物归趋和影响的经验数据。双氯芬酸、布洛芬、降固醇酸和卡马西平被德国作为新型污染物和监控对象。其中双氯芬酸、卡马西平和降固醇酸的水质标准已被制定出[10]。

20 世纪 70 年代美国食品药品监督管理局（Food and Drug Administration，FDA）提出对药物进行环境影响评价，90 年代后期美国环境保护署（Environmental Protection Agency，EPA）和美国地质勘探局（United States Geological Survey，USGS）开始对 PhACs 的出现、来源、归趋和对人类健康的潜在风险进行研究。2006 年，美国成立了由国家科学与技术理事会（National Science and Technology Council，NSTC），环境与自然资源委员会（Committee on Environment and Natural Resources，CENR）和毒性风险小组委员会组成的控制环境中药物存现的工作小组，该小组宪章于 2006 年 6 月 22 号实施。工作组旨在为环境中人类和兽类服用药物的残留及抗生素抗性开发研究出控制策略[11]。

表 8.2 列出了欧盟和美国对 PhACs 风险研究的立法背景和管理制度[12]。

表 8.2　立法背景和管理制度

地区	用途	管理机构	立法要求	ERA 规范
欧盟	兽类	成员国特殊机构	Dir 2004/28/EC（30.11.05） 标准 EC.726/2004（20.11.05）	VICH 阶段 I（2001 年 7 月） VICH 阶段 I（2005 年 10 月）
欧盟	人类	成员国特殊机构	Dir 2004/27/EC（30.11.05） 标准 EC.726/2004（20.11.05）	草案，CPMP/SWP/4447/00 EMMA2005
美国	兽类	食品和药物管理局 兽药中心	联合国食品、药品和化妆品法 国家环境政策法	强制性：VICH 阶段 I 推荐性：VICH 阶段 II
美国	人类	食品和药物管理局 药品评估和研究中心	联合国食品、药品和化妆品法 国家环境政策法	指导性文件，EPA 人类药品（1998）

8.4　PhACs 的环境风险评价

瑞典曾采用 Stockholm 模型对 PhACs 残余在水环境中的危害进行评价。该评价是基于对各类药物活性化合物在环境中的持久性、生物富集性和生态毒性（PBT）三个方面进行的，评价依据如表 8.3 所示。

表 8.3　瑞典采用 Stockholm 模型对药物残余危害评价依据

评价特性			方法值/阀值		分数
持久性	易生物降解	矿化度	>60%，28 天后		0
	不生物降解		≤60%，28 天后		3
潜在生物富集性	具有潜在生物富集性	lgP_{ow}	≥3		3
	无潜在生物富集性		<3		0
生态毒性	低	LC/EC/IC（鱼类、水蚤、藻类）	>100 mg/L		0
	中等		>10~100 mg/L		1
	高		1~10 mg/L		2
	非常高		<1 mg/L		3

注：对于给定的药品，其持久性分数（0 或 3）、生物富集性分数（0 或 3）和生物毒性的分数（0、1、2 或 3）之和代表其 PBT 分数。PBT 的分数可以是 0~9 之间的任何值。0 代表易生物降解、无潜在的生物富集性及低生物毒性；而 9 代表不可生物降解、具有潜在生物毒性和非常高的生物毒性。

该评价结果表明，在 160 种药物组分中，几乎所有的物质（159/160）都是不可生物降解的，大约 1/3 的药物具有潜在的生物富集性，大约 2/3 的药物具有高的或非常高的生物毒性。

瑞典是以相当直接的方式对药物进行环境风险评价。有研究者提出，一个更完全的环境风险评价应该是以药物的毒性、废水处理的去除率、环境行为和饮用水处理的去除率这几个方面的标准实验为基础。

药品的环境风险评价（environmental risk assessment，ERA）可以看作是化学品环境风险评价范围的延伸，这些物质也可以扩展到个人护理用品。在欧盟，监管机构正努力去构建由人类活动所释放物质的风险性和危害性评价的和谐系统。尽管部分 PhACs 及其用途已经存在相应的特殊法规（如植物病虫害防治药品），但环境风险评价的独立性原理不应互相冲突。可以根据各物质的特性和用途在法规上做出合理规划。

8.5　PhACs 风险研究存在的问题

目前 PhACs 风险研究主要集中于 PhACs 的人为使用所造成的环境中有机体污染的风险，对人类的风险并没有加以考虑（如由于受污染的饮用水而造成的人体吸收）。而且迄今，研究仅限于少量的药品（如 17α-炔雌醇、双氯芬酸、吲哚美辛、卡马西平、磺胺甲噁唑）在河流和小溪中以 ng/L 浓度水平造成的不利影响，缺少对大多数 PhACs 组分的环境风险研究。并且所应用的单一目标化合物的研究可能低估了环境的风险，因为药品的混合物和其他污染物同时存在于环境中，特别是同一类的药品，在环境条件中有类似的行为模式，因此，可能发生叠加甚至是增效的作用。例如，β-阻滞剂对于存在于水体生物的不同种类的 β-阻滞剂有很强的亲和力。

另外，目前还未对含有低剂量 PhACs 的饮用水在长期饮用中所造成的可信赖的风险毒性进行研究。由于普通的处理工艺很难除去极性物质 PhACs，一些具有强极性和持久性化合物如 CMZ（氨甲酰氮草）和泛影葡胺很可能最终出现在地下水甚至是饮用水中，所以应提出基于预防性的潜在风险。同样，由于 PhACs 在地表水中含量很低，且地表水的成分复杂，许多物质的环境行为模式需要有适当的测试系统，所以很难提出关于可信赖的环境效应和健康风险的评价。

参 考 文 献

[1]　Jemba P K. Excretion and ecotoxicity of pharmaceutical and personal care products in the environment. Ecotoxicology and Environmental Safety，2006，63（1）：113-130.

[2]　Ellis J B. Pharmaceutical and personal care products（PPCPs）in urban receiving waters. Environmental Pollution，2006，144（1）：184-189.

[3]　Pascoe D，Karntanut W，Müller C T. Do Pharmaceuticals affect freshwater invertebrates? A study with the cnidarian Hydra vulgaris. Chemosphere，2003，51（6）：521-528.

[4]　Triebskorn R，Casper H，Heyd A，et al.Toxic effects of the non-steroidal anti-inflammatory drug diclofenac：Part Ⅱ. Cytological effects in liver，kidney，gills and intestine of rainbow trout（Oncorhynchus mykiss）. Aquatic Toxicology，2004，68（2）：151-166.

[5]　Oaks J L，Gilbert M，Virani M Z，et al. Diclofenac residues as the cause of population decline of vultures in Pakistan. Nature，2004，427（6975）：630-633.

[6]　Joss A，Keller E，Alder A C，et al. Removal of pharmaceuticals and fragrance in biological wastewater treatment. Water Research，2005，39（14）：3139-3152.

[7]　Smital T，Luckenbach T，Sauerborn R，et al. Emerging contaminants—pesticides，PPCPs，microbial degradation products and natural substances as inhibitors of multixenobiotic defense in aquatic organisms. Mutation Research，2004，552（1-2）：101-117.

[8]　Reinthaler F F，Posch J，Feierl G，et al. Antibiotic resistance of *E. coli* in sewage and sludge. Water Research，

2003，37（8）：1685-1690.

[9]　Auerbach E A，Seyfried E E，McMahon K D. Tetracycline resistance genes in activated sludge wastewater treatment plants. Water Research，2007，41（5）：1143-1151.

[10]　Christian G，Daughton. Non-regulated water contaminants：Emerging research. Environmental Impact Assessment Review，2004，24（7-8）：711 -732.

[11]　Robinson I，Junqua G，Coillie R V，et al. Trends in the detection of pharmaceutical products，and their impact and mitigation in water and wastewater in North America. Analytical and Bioanalytical Chemistry，2007，387（4）：1143-1151.

[12]　Ternes T A，Joss A. Human Pharmaceuticals，Hormones and Fragrances—The challenge of micropollutants in urban water management. New York：IWA Publishing，2006.

[13]　Schwaige J，Ferling H，Mallow. W H，et al. Toxic effects of the non steroidal anti-inflammatory drug diclofenac：Part Ⅰ：histopathological alterations and bioaccumulation in rainbow trout.Aquatic Toxicology，2004，68（2）：141-150.

第9章　河流水体中典型 PhACs 的风险评价

　　水环境中 PhACs 的浓度一般较低，不会引起水生物体急性中毒。但是，长期低浓度 PhACs 暴露会使水生物表现出慢性中毒效应。目前，关于 PhACs 引起慢性中毒的研究主要是针对水体和底泥中的微生物、藻类、无脊椎动物、鱼类及两栖类动物等进行的。水环境中含有大量的微生物，它们对污染物有一定的耐受性，但是超过了其耐受性限度会表现出中毒现象，甚至导致死亡。被 PhACs 污染的地表水渗滤进入土壤，然后进入地下水，以此地下水为水源的饮用水中不可避免会含有一定量的药物。许多药物可干扰细胞的有丝分裂，具有明显的致畸作用和潜在的致癌、致突变效应[1]。人体长期饮用这种受药物污染的水，就会长期接触这些药物，使消化道出现菌群失调，导致致病菌大量繁殖或体外病原菌的侵入，引起人类胃肠道的感染，同时还会导致人体内耐药菌增加。含有药物或药物残体的污水如果被用作"肥水"灌溉农田，会造成土壤药物污染，使土壤中细菌、真菌等微生物发生基因突变或发生耐药质粒的转移而成为耐药菌，还会影响土壤微生物群落功能的多样性。污染土壤中生长的农作物中富集了不同浓度的药物，可通过食物链的传递，进入动物及人体内，危害动物及人体健康[2]。

　　黄浦江上游作为上海市重要的饮用水源（上游水源地取水有原水工程 4 个，2011 年之前上海超过 70%的自来水水源取自黄浦江，2011 年以后上海大约有 30%的自来水水源取自黄浦江），上海市大概有 36 家污水处理厂的出水直接或间接地排入黄浦江，每天约有 140.34 万 m^3 的污水被排入黄浦江，会带去大量的药物污染物质，势必对黄浦江水生生物及饮用水健康造成风险。因此，本章运用环境风险评价的一般原理，包括危害性确认、暴露量评估、风险评价、风险特征等，对河流水体中典型 PhACs 污染物进行环境风险评价。并运用美国环境保护局的健康风险计算模型，评估水体对周边居民的潜在健康风险，在此基础上初步评价河流水体作为饮用水源对人类的风险暴露情况。

9.1　河流水体中典型 PhACs 的危害性评价

　　对物质进行环境风险评价调查时，需要掌握物质的物理化学数据、物质的环境行为。表 9.1 给出了目标 PhACs 的物理化学参数。

表 9.1 5 种目标 PhACs 的主要特性及其结构[3]

中文名称	双氯芬酸	布洛芬	萘普生
CAS 号	15307-79-6	15687-27-1	2204-53-1
英文名称	diclofenac	ibuprofen	naproxen
缩写	DFC	IBP	NPX
英文名称	2-[(2, 6-dichlorophenyl)amino]benzeneacetic	α-methyl-4-(2-methylpropyl)benzeneacetic acid	(αS)-6-methoxy-α-methyl-2-naphthaleneacetic acid
分子式	$C_{14}H_{10}Cl_2NO_2$	$C_{13}H_{18}O_2$	$C_{14}H_{14}O_3$
分子量	318.82	206.28	230.72
分子结构	(结构式)	(结构式)	(结构式)
水溶性	237.3 mg/L（25℃）	21 mg/L（不溶于水）	难溶于水，与乙醇 1∶25 互溶，与三氯甲烷 1∶15，与乙醚 1∶40 互溶
pK_a	4.2	4.52，4.4，5.2	4.2
辛醇-水分配系数（$\lg P$）	4.5	3.5，3.97，4.0	3.2
用途	消炎镇痛药	解热镇痛及抗炎作用	抗炎、解热、镇痛
理化性质等	熔点：275～277℃ 沸点：228℃	熔点：75～78℃ 沸点：157℃	熔点：153～158℃ 沸点：403.9℃

中文名称	酮洛芬	氯贝酸
CAS 号	2207-15-4	882-09-7
英文名称	ketoprofen	clofibric acid
缩写	KEP	CA
英文名称	3-benzoyl-α-methylbenzeneacetic acid	2-(4-chlorophenoxy)-2-methylpropanoic acid
分子式	$C_{16}H_{14}O_3$	$C_{10}H_{11}ClO_3$
分子量	254.30	214.65
分子结构	(结构式)	(结构式)
水溶性	微溶于水，易溶于丙酮、乙酸乙酯、乙醇、三氯甲烷、乙醚	582.5 mg/L（25℃）
pK_a	4.5	3.2，3.0
辛醇-水分配系数（$\lg P$）	3.12	2.84，2.57
用途	用于各种关节炎及软组织疾病所致的局部疼痛	调节血脂药
理化性质等	熔点：93～96℃ 沸点：100℃	熔点：120～123℃ 沸点：324.1℃

9.2   河流水体中典型 PhACs 的暴露量评价

选取的典型 PhACs 风险特征中应用的环境浓度是基于其预测环境浓度（PECs）或测定的实际环境浓度（MECs）。对于环境预测浓度的评估，采用的是欧洲管理机构为医疗产品评估（EMEA）提供的暴露量模型及评估程序 EUSES v.2.0（EC2004）。EMEA 模型是专门被设计用来评估人类药品的暴露量的，而根据 TGD（EC2003），EUSES 程序软件则支持新出现及现存物质的风险评价。这些模型是针对不同的种属环境和不同的环境区域（污水处理厂、地表水、沉积物、土壤和空气）形成的物质分类而设计的。因此，在废水处理中经常出现的特殊环境及各种情况都不在该软件包含的范围内。然而，这并不意味着在新开发的化合物的登记和公布程序中进行前景环境风险评价也不能使用这些模型。近来用于初始 PECs 评估的 EMEA 模型（式 9.1）（EMEA2003/2005）是基于活性药物成分的最大日剂量（$DOSE_{ai}$）开发的，市场畅销度因子（F_{pen}）代表了每日使用该种特殊药物成分的人口比例数。

$$PEC_{sw}(mg/L) = \frac{DOSE_{ai} \times F_{pen}}{V \times D \times 100} \qquad (9.1)$$

式中，$DOSE_{ai}$ 为目标药物的日剂量（DDD），mg，可由 WHO 药物管理方法学联合中心（WHO2003）提供；F_{pen} 为推荐的缺省值（1%）；V 为每人每天产生的废水体积量，m^3；D 为稀释因子。根据 TGD（EC2003），假设每人每天产生的废水体积量为 200 L，废水的稀释因子取 10。

本章中采用实际测定的 MECs 值，进行暴露量评估，如表 9.2 所示。通过 2011 年 12 月～2013 年 12 月对黄浦江及其主要支流进行的取样和分析发现，在所有样品中 5 种酸性药物的检出率均高于 80%，尤其是布洛芬和双氯芬酸在所有样品中均有检出，结果表明它们在上海及其周边地区广泛使用，污染普遍存在。如表 9.2 所示，研究期间黄浦江及其支流中 5 种酸性药物的浓度水平，由此可以看出 5 种酸性药物的浓度变化幅度较大，最高浓度达到 89 ng/L。

表 9.2   黄浦江及其支流水体中 5 种酸性药物的浓度水平（ng/L）

采样点	酮洛芬		萘普生		氯贝酸		双氯芬酸		布洛芬	
	范围	平均值	范围	平均值	范围	平均值	范围	平均值	范围	平均值
S1	11.8～81.3	36.8	5.8～29.5	15.7	0.4～5.3	2.1	0.8～25.1	17.3	2.9～36.6	20.5
S2	9.1～50.4	25.1	1.2～24.3	10.2	nd～1.3	0.6	9.8～26.7	13.8	2.8～40.0	15.8
S3	9.0～24.3	17.4	1.9～20.8	11.0	0.4～2.1	1.0	6.4～20.1	16.0	3.3～32.5	19.0
S4	9.6～57.6	24.1	0.8～33.3	13.8	0.2～2.1	1.1	7.6～26.0	17.5	0.6～39.1	22.1

续表

采样点	酮洛芬		萘普生		氯贝酸		双氯芬酸		布洛芬	
	范围	平均值	范围	平均值	范围	平均值	范围	平均值	范围	平均值
S5	9.1~50.8	23.6	nd~34.7	15.3	0.2~5.5	1.6	6.1~30.0	14.3	4.2~39.5	23.8
S6	10.8~56.8	27.3	0.5~20.8	8.2	0.3~4.1	1.3	5.1~16.2	9.0	4.2~55.8	19.3
S7	16.1~85.6	39.4	nd~24.0	9.0	nd~5.9	1.7	5.8~17.2	8.9	5.9~39.4	22.1
S8	12.3~57.9	30.0	1.2~32.5	14.3	nd~4.6	1.8	0.7~23.4	11.5	9.2~46.7	29.3
S9	nd~89.3	40.7	1.3~27.5	10.3	0.3~3.7	1.9	6.6~29.3	16.1	4.6~72.8	33.4
S10	14.9~53.3	30.0	0.1~39.8	15.7	nd~3.9	2.1	3.0~13.8	8.6	11.1~45.3	29.1
S11	12.0~46.6	23.0	nd~30.0	13.1	nd~3.6	2.2	8.9~19.3	13.1	8.4~72.7	27.0
Z1	23.7~78.5	53.6	1.8~32.5	22.0	0.5~4.2	1.9	11.2~20.7	16.6	3.5~19.7	9.0
Z2	8.3~42.1	20.2	15.2~34.1	23.5	nd~5.6	1.9	9.2~23.2	14.1	1.2~17.4	8.4
Z3	4.5~56.9	24.4	nd~32.6	19.6	nd~2.0	0.9	14.3~28.9	20.2	0.8~14.9	6.2
Z4	19.8~45.6	31.5	0.7~3.4	1.9	nd~1.2	0.4	9.4~20.1	13.3	17.3~52.7	37.8
Z5	9.0~17.0	12.9	nd~4.7	2.4	1.1~7.3	3.3	8.4~19.7	12.7	13.4~67.2	31.4
Z6	13.9~39.0	24.1	nd~6.2	2.6	nd~1.3	0.7	4.8~26.4	12.1	8.9~67.2	35.1

注: nd 表示未检出。上游: S1~S6; 中游: S7~S8; 下游: S9~S11; 上游支流: Z1~Z3; 下游支流: Z4~Z6。

9.3　河流水体中典型 PhACs 的效应评价

研究表明,布洛芬对水生生物已经产生了明显的生态毒理学和行为毒理学效应。青鳉(*Oryzias latipes*)慢性暴露于 1~100 μg/L 水平布洛芬 6 周后,其产卵时间改变,繁殖期延迟。10 μg/L 布洛芬可使蓝藻(*Synechocystis* sp.)生物量增加 72%,1 mg/L 布洛芬使浮萍(Lemna minor)生长量降低 25%,同时导致浮萍产生脱落酸[4]。35 d 微生态实验发现,0.6 mg/L 布洛芬、1.0 mg/L 盐酸氟西汀和 1.0 mg/L 环丙沙星混合物降低了水生环境中浮游动物种群的多样性[5]。水蚤(Daphnia magna)分别暴露于 20 mg/L、40 mg/L 和 80 mg/L 布洛芬溶液 14 d 后,其生长速率均明显降低。布洛芬低浓度处理(14 d,布洛芬半数效应浓度 EC_{50} 为 13.4 mg/L)时水蚤繁殖受到影响,而在高浓度时完全受到抑制[6]。10 μg/L 布洛芬还明显地影响河床生物膜中微生物群落,布洛芬抑制了蓝细菌(*Cyanobacteria* sp.)的生长,减少了其生物量;原位杂交分析表明,布洛芬增加了 α-变形杆菌纲(Alphaproteobacteria),β-变形杆菌纲(Betaproteobacteria)及噬纤维菌-黄杆菌类群(*Cytophaga*-Flavobacteria, CF)的群落数量。上述研究显示布洛芬能显著影响生物体的生长发育和生物多样性,是重要潜在环境污染物之一。由于日常生活中对布洛芬不间断的大量消费，导致其在环境中很难控制或消除。布洛芬对公众健康和水生环境已经造成较严重的危害和潜在风险，如增强微生物的抗药性及加剧高等生物的雌性化等。布洛芬经人体代谢后，转移稀释至水体中的代谢物可显著加剧毒性物质间的协同作用[7]。当环境污染敏感容量（STP）在特定条件下增加或者在干旱条件下污水无法得到有效稀释时，未处理的布洛芬次级代谢物（羟基布洛芬和羧基布洛芬等）会在某一地区大量聚集[8]，通过进入地表水、地下水及土壤-植物系统形成二次污染；也可能进入人体，直接危及人类健康。随着人口激增和城市化进程加剧，该影响会日渐突出。

环境中存在的药物残留主要由人体排出，通过生活污水和污水处理厂出水排入环境受纳水体。水体中的微量药物大多可在水生生物体内产生积累，因此会对水生生物的内分泌系统产生干扰作用，影响水生生物的生长；这些微量的药物残留通过食物链过程，也会对人的身体健康造成潜在危害[9]。在生物体内双氯芬酸的代谢主要通过羟基化失活，尿液中的代谢物以双氯芬酸羟基化合物为主[10]，当用药过量时，会出现肝肾功能损害等症状。

Schwaiger 等的研究表明，虹鳟鱼的身体器官（如肾脏、腮）也有累积极性药物双氯芬酸的潜能[11]。双氯芬酸在鱼类体内的累积不但对水生生物有着重要的影响，并最终影响到人类的食物链。近期关于双氯芬酸的数据也显示出一些其他方面值得关注的因素：①在暴露时间 28 d 的组织病理学研究中发现，该物质在虹鳟鱼的腮、肾和肝脏内的生物浓度高达 2700 ng/L[11]；②虹鳟鱼暴露于双氯芬酸的组织病理学实验揭示了在双氯芬酸浓度降低到 1 μg/L 时肾（玻璃质小滴恶化、间质性肾炎）和腮（如柱细胞变坏[12]）的变化。通过繁殖网纹水蚤，利用 Stockholm 模型对双氯芬酸的环境待久性、生物富集性、毒性进行研究。实验结果明确表明，双氯芬酸符合所有环境持久性、生物富集性、毒性（persistence，bioaccumulation and ecotoxicity，PBT）标准。因此，从环境观点来看，应该采用其他化合物如布洛芬来代替双氯芬酸。

9.4 河流水体中典型 PhACs 的风险特征

大部分药物不具有较强的持久性，但是它们被大量使用的现状，致使它们被源源不断地输送到环境受纳水体中，因此这些药物通常被认为是"伪持久性污染物"，我们有必要对河流中所检测到的五种目标药物进行生态风险评估[14-16]。对于典型 PhACs 的风险评估，本书采用 USEPA 在《生态风险评价建议指南》（*Proposed Guide-lines for Ecological Risk Assessment*，EPA/630/R-95/002B）中公布的熵值法，即风险熵（risk quotient，RQ）为评价标准。RQ 的计算方法定义为预测环境浓度

（predicted environmental concentration，PEC）与预测无效应浓度（PNEC）的比值或实测环境浓度（MEC）与 PNEC 的比值。当 RQ<0.1 时，表明存在较低风险；当 0.1<RQ<1.0 时，表明存在中度风险，需要对相关环境进行观察；当 RQ>1.0 时，表明存在高度风险，需要采取相应的风险削减措施[17-20]。该方法比较简单、实用。PNEC 是污染物的无影响浓度和安全评价系数的比值，可以通过毒理学实验获得，且应建立在大量慢性毒性数据基础上[21, 22]。但是对于药物化合物，由于缺乏慢性毒性数据，因此通常采用性毒性数据 LC 或 EC_{50} 来预测 PNEC[23, 24]。

本节通过五种目标 PhACs 对藻、蚤、鱼的急性毒性数据 LC 或 EC_{50} 除以合适的评价系数预测 PNEC，评价系数取 1000。根据表 9.3 列出的 KEP、NPX、CA、DFC 和 IBP 对藻、蚤、鱼的急性毒性数据（24～96 h）EC_{50}[1, 17-19, 25-28]和最大测定环境浓度，依据风险评价中“最坏情况”（the worst case）原则，计算出五种目标 PhACs 污染物对藻、蚤、鱼的 RQ 值，用以评价河流中五种目标 PhACs 的潜在环境风险。图 9.1 给出了五种目标 PhACs 污染物分别对藻、蚤、鱼等水生生物的风险熵，可以看出，双氯芬酸对鱼类的 RQ 为 0.29，表明双氯芬酸对鱼类存在中度风险；氯贝酸、酮洛芬、萘普生和布洛芬对藻、蚤、鱼的 RQ 都小于 0.1，表明基于目前所检测的河流中的这三种药物浓度，对水系统存在较低风险。Hernando 等曾对地表水中 NPX、IBP 和 DFC 的 RQ 值计算，发现三种药物对水生生态系统存在较高的风险[29]。虽然本节所进行研究的水环境中浓度水平的 IBP 对生物不足以存在明显的毒性风险，但其混合毒性及慢性毒性效应不可忽视。例如，布洛芬、盐酸氟西汀和环丙沙星的混合物对水生态系统中浮游动物群落的多样性产生不利影响[5]。水蚤分别暴露于不同浓度的布洛芬溶液后，生长速率均变到明显抑制。已有的研究表明 DFC 存在高度的生态风险。有报道称，DFC 残留导致印度境内秃鹰的数量下降了 90%[31]。由于缺乏慢性毒性数据和混合毒性数据，上述风险评

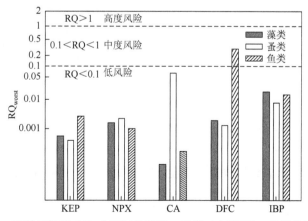

图 9.1　五种目标 PhACs 分别对的藻类、蚤类（大型蚤）、鱼类的风险熵

价只是对单一药物进行评价，并没有考虑几种药物的混合毒性效应，可能会低估它们的环境风险。因为在实际环境中药物的混合物和其他污染物同时存在于环境中，特别是同一类药品，在环境条件下有类似的行为模式，因此可能发生叠加甚至是增效的作用，因此，虽然黄浦江水体中酸性药物的浓度水平对生物不足以产生明显的毒性风险，但其混合毒性及慢性毒性效应不可忽视。

从理论意义上讲，对于致毒机理相似且彼此间不发生相互作用的化合物，其混合作用效果表现为单一污染物独立作用效应的简单叠加，这种叠加可以通过风险系数直接相加。Cleuvers 等的研究表明本小节中的五种药物具有相同的致毒机理，因为五种药物具有相似的化学结构[32]。本小节通过浓度相加模型公式计算五种酸性药物的混合物引起的风险，如图 9.2 所示，混合药物对鱼类存在高度风险，对蚤类存在中度风险，对藻类存在较低风险。

表 9.3　五种目标 PhACs 分别对藻类、蚤类（大型蚤）、鱼类的 PNEC 和最大测定浓度 MEC

药物	藻类	蚤类	鱼类	最大检出浓度/
	PNEC/（μg/L）	PNEC/（μg/L）	PNEC/（μg/L）	（ng/L）
KEP	164	248	32	89.3
NPX	22	15	34	39.8
CA	192	0.11	53	7.3
DFC	14.5	22	0.1	29.8
IBP	4	9.02	5	72.8

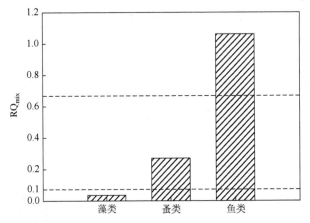

图 9.2　五种目标 PhACs 分别对的藻类、蚤类（大型蚤）、鱼类的混合风险

9.5　河流水体中典型 PhACs 的健康风险评价

饮用水安全问题与人们的生活和健康密切相关。黄浦江上游是上海的重要饮用水的水源地，在黄浦江上游检测到酮洛芬、萘普生、氯贝酸、双氯芬酸和布洛

芬的浓度范围分别为 9.0~81.3 ng/L、nd~34.7 ng/L、nd~5.3 ng/L、0.8~25.1 ng/L 和 0.6~55.8 ng/L。这五种目标 PhACs 具有相对较高的水溶性和极性，可以穿透几乎所有的自然过滤和人工处理设施。目前饮用水处理工艺主要依靠吸附和氧化过程来去除有机污染物。研究表明，混凝、沉淀和过滤对酸性药物类物质去除效果不佳。在上海大多数的自来水厂仍采用的传统混凝过滤消毒过程中，只有少数采用先进的臭氧活性炭工艺，但都不能有效地去除痕量药物残留。

计算人体对水中污染物的摄入量，主要考虑通过饮用摄入和洗浴接触两种暴露途径。计算公式分别为

$$CDI_{饮用}=C_w \times IR \times EF \times ED/(BW \times AT) \tag{9.2}$$

$$CDI_{洗浴}=I \times A_{sd} \times EF \times FE \times ED/(BW \times AT \times f) \tag{9.3}$$

$$I=10^{-3} \times k \times C_w \times ET \tag{9.4}$$

式中，CDI 为长期日摄入量，$\mu g/(kg \cdot d)$；C_w 为水中污染物浓度，$\mu g/L$；IR 为日饮用水量，L/d；EF 为暴露频率，d/a，取值 365 d/a；ED 为暴露时长，a；A_{sd} 为人体表面积，cm^2；BW 为平均体重，kg；FE 为洗澡频率，次/d；AT 为平均暴露时间，d；I 为每次洗澡时皮肤的污染物渗透量，$\mu g/(cm^2 \cdot 次)$；ET 为洗澡时间，h；f 为肠道吸收率；k 为皮肤渗透系数，cm/h。

表 9.4 为计算人体通过饮水和洗浴暴露于污染物中的相关参数值，数据来源于 U.S. EPA 和中国卫生部推荐值[33]。根据污染物的致癌性一般将健康风险评价分为致癌和非致癌两类。研究表明微量的药物残留通过食物链富集会对人类的健康构成潜在威胁，但是 WHO 和 U.S. EPA 都没有给出这些物质的致癌强度系数。因此，本节主要评价酸性药物对人体的非致癌风险。非致癌风险评价采用熵值法，式（9.5）如下

$$HQ=CDI/(RfD 或 ADI) \tag{9.5}$$

式中，HQ 为人体暴露某污染物的危险系数，$HQ \geqslant 1$ 表示有风险，$HQ < 1$ 表示风险较小；CDI 为污染物的长期日摄取量，$mg/(kg \cdot d)$；RfD 为污染物的非致癌参考剂量，$mg/(kg \cdot d)$；ADI 为污染物日容许摄入量，$mg/(kg \cdot d)$。

表 9.4　人体暴露参数取值

IR/（L/d）	ED/a	A_s/cm^2	BW/kg	FE/（次/d）	AT/d	ET/h	f	k/（cm/h）
2	74	16600	57.3	0.3	27010	0.29	0.5	0.001

日容许摄入量是指人类每日摄入某物质，直至终生，也不产生可检测到的对健康产生危害的量，五种酸性药物的非致癌效应系数引用 WHO 报告等文献中的 ADI 值，分别为氯贝酸 500 mg/d（高脂蛋白血症）、布洛芬 1200 mg/d（抗炎）、

酮洛芬 100 mg/d（痛经）、双氯芬酸 25 mg/d（类风湿关节炎）、萘普生 500 mg/d（类风湿关节炎）[34-37]。经计算，黄浦江上游水体中的药物残留经"河流水源地—饮用水厂—人体摄入"所引发的非致癌风险在 $10^{-9} \sim 10^{-1}$ 水平。五种酸性药物单一的非致癌风险值都远低于可能对人体健康造成危害的非致癌风险值 1。然而，药物残留在水生环境中通常是以混合物形式，而不是单一的污染物，这些药物的混合物的影响可能比单个化合物毒性更大，需引起人们的重视。

参 考 文 献

[1]　Crane M，Watts C，Boucard T. Chronic aquatic environmental risks from exposure to human pharmaceuticals. Science of the Total Environment，2006，367（1）：23-41.

[2]　Jones-Lepp T，Stevens R. Pharmaceuticals and personal care products in biosolids/sewage sludge：The interface between analytical chemistry and regulation. Analytical and Bioanalytical Chemistry，2007，387（4）：1173-1183.

[3]　Carballa M，Omil F，Lema J M，et al. Behavior of pharmaceuticals，cosmetics and hormones in a sewage treatment plant. Water Research，2004，38（12）：2918-2926.

[4]　Pomati F，Netting A G，Calamari D，et al. Effects of erythromycin，tetracycline and ibuprofen on the growth of *Synechocystis* sp. and Lemna minor. Aquatic Toxicology，2004，67（4）：387-396.

[5]　Richards S M，Wilson C J，Johnson D J，et al. Effects of pharmaceutical mixtures in aquatic microcosms. Environmental Toxicology and Chemistry，2004，23（4）：1035-1042.

[6]　Heckmann L H，Callaghan A，Hooper H L，et al. Chronic toxicity of ibuprofen to Daphnia magna：Effects on life history traits and population dynamics. Toxicology Letters，2007，172（3）：137-145.

[7]　Han G H，Hur H G，Kim S D. Ecotoxicological risk of pharmaceuticals from wastewater treatment plants in Korea：Occurrence and toxicity to Daphnia magna. Environmental Toxicology and Chemistry，2006，25（1）：265-271.

[8]　Loraine G A，Pettigrove M E. Seasonal variations in concentrations of pharmaceuticals and personal care products in drinking water and reclaimed wastewater in Southern California. Environmental Science and Technology，2005，40（3）：687-695.

[9]　Hui X，Hewitt P G，Poblete N，et al. In vivo bioavailability and metabolism of topical diclofenac lotion in human volunteers. Pharmaceutical Research，1998，15（10）：1589-1595.

[10]　蒲纯，邓安平. 酶联免疫吸附分析法测定水中双氯芬酸钠. 化学研究与应用，2008，20（5）：548-551.

[11]　Schwaiger J，Ferling H，Mallow U，et al. Toxic effects of the non-steroidal anti-inflammatory drug diclofenac：Part I：histopathological alterations and bioaccumulation in rainbow trout. Aquatic Toxicology，2004，68（2）：141-150.

[12]　Triebskorn R，Casper H，Heyd A，et al. Toxic effects of the non-steroidal anti-inflammatory drug diclofenac：Part II. Cytological effects in liver，kidney，gills and intestine of rainbow trout（Oncorhynchus mykiss）. Aquatic Toxicology，2004，68（2）：151-166.

[13]　Ferrari B，Paxéus N，Giudice R L，et al. Ecotoxicological impact of pharmaceuticals found in treated wastewaters：Study of carbamazepine，clofibric acid，and diclofenac. Ecotoxicology and Environmental Safety，2003，55（3）：359-370.

[14]　Quinn B，Gagné F，Blaise C. An investigation into the acute and chronic toxicity of eleven pharmaceuticals（and their solvents）found in wastewater effluent on the cnidarian，Hydra attenuata. Science of the Total Environment，2008，389（2-3）：306-314.

[15] Carlsson C, Johansson A K, Alvan G, et al. Are pharmaceuticals potent environmental pollutants? Part Ⅰ: Environmental risk assessments of selected active pharmaceutical ingredients. Science of the Total Environment, 2006, 364 (1-3): 67-87.

[16] Carlsson C, Johansson A K, Alvan G, et al. Are pharmaceuticals potent environmental pollutants: Part Ⅱ: Environmental risk assessments of selected pharmaceutical excipients. Science of the Total Environment, 2006, 364 (1-3): 88-95.

[17] Jones O A H, Voulvoulis N, Lester J N. Aquatic environmental assessment of the top 25 English prescription pharmaceuticals. Water Research, 2002, 36 (20): 5013-5022.

[18] Lee Y J, Lee S E, Lee D S, et al. Risk assessment of human antibiotics in Korean aquatic environment. Environmental Toxicology and Pharmacology, 2008, 26 (2): 216-221.

[19] van Wezel A P, Jager T. Comparison of two screening level risk assessment approaches for six disinfectants and pharmaceuticals. Chemosphere, 2002, 47 (10): 1113-1128.

[20] Gros M, Petrovic M, Ginebreda A, et al. Removal of pharmaceuticals during wastewater treatment and environmental risk assessment using hazard indexes. Environment International, 2010, 36 (1): 15-26.

[21] Küster A, Bachmann J, Brandt U, et al. Regulatory demands on data quality for the environmental risk assessment of pharmaceuticals. Regulatory Toxicology and Pharmacology, 2009, 55 (3): 276-280.

[22] Straub J O. Environmental risk assessment for new human pharmaceuticals in the European Union according to the draft guideline/discussion paper of January 2001. Toxicology Letters, 2002, 131 (1-2): 137-143.

[23] Escher B I, Baumgartner R, Koller M, et al. Environmental toxicology and risk assessment of pharmaceuticals from hospital wastewater. Water Research, 2011, 45 (1): 75-92.

[24] Länge R, Dietrich D. Environmental risk assessment of pharmaceutical drug substances-conceptual considerations. Toxicology Letters, 2002, 131 (1-2): 97-104.

[25] Santos L H M L M, Araújo A N, Fachini A, et al. Ecotoxicological aspects related to the presence of pharmaceuticals in the aquatic environment. Journal of Hazardous Materials, 2010, 175 (1-3): 45-95.

[26] Ågerstrand M, Rudén C. Evaluation of the accuracy and consistency of the Swedish Environmental Classification and Information System for pharmaceuticals. Science of the Total Environment, 2010, 408 (11): 2327-2339.

[27] Cunningham V L, Binks S P, Olson M J. Human health risk assessment from the presence of human pharmaceuticals in the aquatic environment. Regulatory Toxicology and Pharmacology, 2009, 53 (1): 39-45.

[28] Lissemore L, Hao C, Yang P, et al. An exposure assessment for selected pharmaceuticals within a watershed in Southern Ontario. Chemosphere, 2006, 64 (5): 717-729.

[29] Hernando M D, Mezcua M, Fernández-Alba A R, et al. Environmental risk assessment of pharmaceutical residues in wastewater effluents, surface waters and sediments. Talanta, 2006, 69 (2): 334-342.

[30] Flippin J L, Huggett D, Foran C M. Changes in the timing of reproduction following chronic exposure to ibuprofen in Japanese medaka, Oryzias latipes. Aquatic Toxicology, 2007, 81 (1): 73-78.

[31] Oaks J L, Gilbert M, Virani M Z, et al. Diclofenac residues as the cause of vulture population decline in Pakistan. Nature, 2004, 427 (6975): 630-633.

[32] Cleuvers M. Mixture toxicity of the anti-inflammatory drugs diclofenac, ibuprofen, naproxen, and acetylsalicylic acid. Ecotoxicology and Environmental Safety, 2004, 59 (3): 309-315.

[33] US Environment Protection Agency. RISK assessment guidance for superfund. Volume Ⅰ: Human health evaluation manual (Part A) —Interim final. Washington, DC, USA, 1989.

[34] Leung H W，Jin L，Wei S，et al. Pharmaceuticals in tap water：Human health risk assessment and proposed monitoring framework in China. Environmental Health Perspectives，2013，121（7）：839-846.

[35] Schwab B W，Hayes E P，Fiori J M，et al. Human pharmaceuticals in US surface waters：A human health risk assessment. Regulatory Toxicology and Pharmacology，2005，42（3）：296-312.

[36] Williams E S，Brooks B W. Human Pharmaceuticals in the Environment：Current and Future Perspectives. New York：Springer，2012.

[37] Bruce G M，Pleus R C，Snyder S A. Toxicological relevance of pharmaceuticals in drinking water. Environmental Science and Technology，2010，44（14）：5619-5626.

第五篇　PhACs 的控制技术

第 10 章 臭氧氧化技术在去除水体中药物方面的应用

臭氧从 19 世纪末开始被应用于饮用水处理中，1906 年法国 Nice 市将臭氧用于市政供水消毒，这是臭氧应用于饮用水处理的标志性事件。此后欧洲国家广泛采用臭氧作为饮用水处理的消毒剂，并且在 20 世纪 60 年代开始随着人们对有机污染物认识的深入而得到越来越多的应用。

10.1 臭氧氧化技术基本原理

臭氧是一种具有刺激性特殊气味的淡蓝色不稳定气体，是一种极强的氧化剂，其氧化能力仅次于氟，在水中臭氧的氧化还原电位为 2.07 V，在标准气压和温度下，臭氧在水中的溶解度比氧气大约 13 倍，常温下即可自行分解。臭氧在水中的分解率受水的纯度影响，在含有杂质的水溶液中臭氧迅速分解，在自来水中的半衰期约为 20 min（20℃）。

在水溶液中，臭氧可通过两种不同途径与物质反应，直接反应与间接反应。直接反应是分子臭氧过亲核或亲电作用直接参与反应；二是水中臭氧在碱等因素作用下分解产生的活泼自由基，主要是·OH 与污染物反应。臭氧在化学性供体基团结合有高反应性；而与电子受体结合则反应性下降。·OH 与各种有机物和无机物反应没有选择性，其反应速率主要受扩散作用的限制。对于饮用水而言，·OH 对与臭氧反应较慢的化合物起重要作用；对于废水而言，由于存在很多·OH 抑制剂，在臭氧浓度低时，臭氧直接氧化占主导[1]。

1. 直接氧化反应

臭氧与有机物直接氧化反应是一种低反应速率、有选择性的反应。臭氧与水中有机污染物之间的直接氧化反应可以分为两种方式，亲电取代反应和偶极加成反应。亲电取代反应主要发生在分子结构中电子云密度较大的位置。在带有—OH、—CH_3、—NH_2 等取代苯基结构的药物中，苯环中邻、对位上碳原子的电子云密度较大，这些位置上的碳原子易与臭氧发生亲电取代反应。由于臭氧分子具有偶极结构（偶极距约为 0.55 D），所以以臭氧分子与含不饱和键的化合物分子相互作用时，可进行偶极加成反应（图 10.1）。一般而言，臭氧的直接氧化反应速率较慢，而且反应具有选择性，所以其降解有机污染物的效率较低[2]。

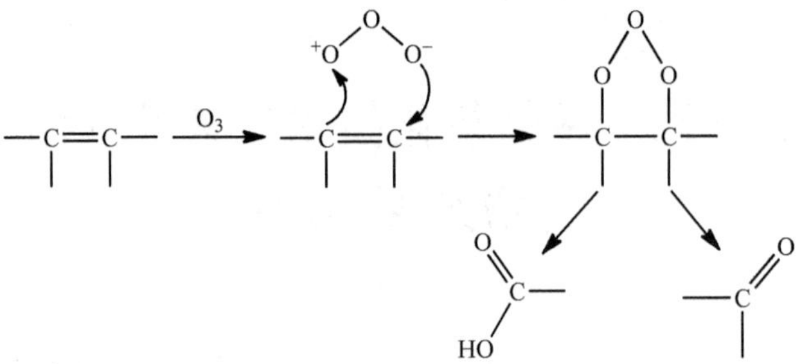

图 10.1　臭氧与不饱和键的水相反应

2. 自由基间接氧化反应

自由基间接氧化降解按反应过程可以粗略地分为两个阶段：第一阶段为臭氧的自身分解产生自由基。当溶液中存在引发剂如·OH 等时可以明显加快臭氧分解产生自由基的速度。在第二阶段中，·OH 与药物分子中的活泼结构单元（如苯环、—OH、—NH₂ 等）发生反应，并引发自由基链反应。臭氧分解产生自由基的路径非常复杂且受到许多物质的影响，以下是基于两种自由基型反应机理的臭氧分解反应及其反应产物。

1）Hoigne，Staehlin，Bader 机理

根据 Hoigne，Staehlin，Bader 机理分解图 10.2，可知臭氧分解的链反应过程[3, 4]。

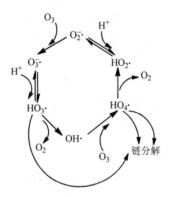

图 10.2　Hoigne，Staehlin，Bader 机理

总反应式为：$3O_3 + OH^- + H^+ \longrightarrow 2OH\cdot + 4O_2$

2）Gordon，Tomiyasu，Fukutomi 机理

Gordon，Tomiyasu，Fukutomi 机理分解如图 10.3 所示，该机理中，没有出现 Hoigne 机理中的 $HO_3\cdot$ 和 $HO_4\cdot$ 两种中间产物。至于这两种机理谁更有说服力，取

决于从实验中证明 $HO_3\cdot$ 和 $HO_4\cdot$ 存在与否[5]。

随着反应的进行，药物分子结构被氧化破裂，分解转化为小分子有机物，如甲酸、乙酸等，或进一步将这些有机小分子完全矿化［以总有机碳（TOC）为测试指标］为 CO_2 和 H_2O，从而达到降低出水中 COD（化学需氧量）和提高处理后废水的可生物降解性的目的。$\cdot OH$ 间接氧化反应有以下两个主要特点：①反应速率非常快；②$\cdot OH$ 自由基的反应选择性很小，当水中存在多种污染物质时，不会出现一种物质得到降解而另一种物质浓度基本不变的情况。

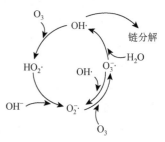

图 10.3 Gordon，Tomiyasu，Fukutomi 机理

臭氧与水中有机物的反应较为复杂，在一个反应体系中，往往既出现臭氧直接氧化反应，又出现自由基间接氧化反应。溶液的 pH 对 O_3 氧化反应选择何种机理起决定作用，在强酸性介质中以直接氧化反应为主，而在碱性介质中则以自由基间接氧化反应为主[5]。

10.2 臭氧氧化技术在处理水中 PhACs 方面的应用

近年来，PhACs 在水环境中存在的报道越来越多，PhACs 在环境中的污染正在引起环境工作者的关注。PhACs 被定义为生物活性物质，通常是亲脂性和难生物降解的，因此能在环境中富集和长期存在。虽然现在这些物质在环境中的浓度都很低，在 ng/L 和 μg/L 级别，但是仍然可能对环境存在很大的危害。因此我们要寻找可行的技术去降解这些物质。而常规的污水处理厂和自来水厂对这些污染物不能取得理想的去除率，这些污染物一部分残留在活性污泥中，而大部分则直接通过二级处理系统，随出水被排放出去。由于传统污水处理工艺对 PhACs 的去除能力有限，如何提高水体中的残留 PhACs 的去除效率成为科学家研究的一个重要方向。臭氧在饮用水消毒和氧化处理中是广泛使用的氧化剂，常用来消毒、脱色、除味、去除污染物，由于其氧化能力强，对 PhACs 的去除受到关注。同时随着在干旱和半干旱地区水短期问题越来越严重，因此虽然成本较高，但是仍然是用于处理的有效方法。另外，值得注意的是，医院废水和药厂废水中 PhACs 的浓度要远远高于常规污水处理厂和自来水厂，可能达到几百毫克每升，甚至几克每升，这种情况下，应该将这种废水当成工业废水来处理。那么使用臭氧氧化法处理这些废水就是切实可行的方法[6-8]。

Huber 等在实验室条件下采用 O_3 逆流曝气处理 CAS 和 MBR 出水中的大环内酯类和磺胺类抗生素（2 μg/L），仅需 2 mg/L 的 O_3 就能得到 90%～99% 的去除率。此外，许多研究报道了中性 pH 时投加 5 mg/L 以下的低剂量 O_3 就可以获得对污水中磺胺甲噁唑（0.62 μg/L）、甲氧苄啶（50 μg/L）、红霉素（620 μg/L）、脱水红霉素（2 μg/L）、克拉霉素（0.21 μg/L）等抗生素的理想去除效果[9]。

双氯芬酸由于其具有的难生物降解性，所以传统的城市污水处理设备并不能有效地处理双氯芬酸。因此能经常在污水处理厂的出水、湖泊和河流中发现残留的双氯芬酸。Naddeo 等研究了采用臭氧作用、超声波处理及两者相结合的方法降解和矿化双氯芬酸的可能性。研究发现这三种系统都有效地氧化双氯芬酸，同时臭氧作用能使双氯芬酸矿化。在两者的协同作用下则能在更短的时间内更有效地矿化双氯芬酸[10]。研究表明，臭氧能高效去除水中的双氯芬酸[11]，布洛芬与臭氧有中等的反应活性[12]，萘普生由于含有萘环和甲氧基，臭氧能高效降解水体中的萘普生。脂调节剂和代谢产物在臭氧氧化过程中反应活性不高，尤其是氯贝酸。Huber 研究得出氯贝酸和臭氧反应的速率常数小于 20 L/(mol·s)[13]。

Termes 等研究得出结论，臭氧对 PhACs 的去除非常有效，加入 0.5 mg/L 的臭氧时，就能使原水中 1000 ng/L 的卡马西平和双氯芬酸降解 97%，当臭氧的量增加到 1 mg/L 时，原水中 1000 ng/L 的氯贝酸和奥卡西平也可以达到 50% 的去除率[14]。Rosal 等采用 TiO_2 催化臭氧法在 25℃ 下去除氯贝酸，加入催化剂比不加入催化剂的情况下，相同反应时间内可以大幅降低消耗的臭氧量，并且去除效果明显增强。加入催化剂 1 g/L，pH=3 时少于 60 min 可以完全去除；pH=5 时少于 10 min 即可完全去除。他们实验发现 TiO_2 催化氧化的效果是非常明显的[15]。Zwiener 和 Frimmel 采用 O_3/H_2O_2 氧化水体中的药物，研究了影响因素及作用效果。实验结果表明，双氯芬酸的去除效果非常明显；在蒸馏水和河水中的氯贝酸、布洛芬的去除有很大差别，这说明了去除效果与水中自由基捕获剂的存在状况有关，增加氧化剂的浓度可以实现增加自由基浓度从而达到加强[12]。从以前的文献可知，臭氧氧化是最常用于去除新兴污染物的暗氧化反应，文献中大约 90% 的暗氧化处理为臭氧氧化。臭氧剂量在 1～3 mg/L 即可实现污染物的去除。很多化合物都可以达到去除率 90% 以上，如消炎药、抗癫痫药物、抗生素等。但臭氧在氧化的过程中是将有机物矿化为羧酸或者醛，因此对于 TOC 的去除率是很小的[16]。

水体中 PhACs 在臭氧氧化中的降解程度取决于很多因素，其中最主要的因素是药物的基团电子特性，此外，还包括臭氧用量、药物浓度、各种水质参数等。pH 会显著影响臭氧氧化的效率，随着 pH 的升高，由于臭氧和氢氧根离子反应产生羟基自由基增多，反应速率提高[2, 6, 17-20]。此外，在臭氧反应体系中加入其他物质时，反应速率加快，例如，加入 H_2O_2 后成了高级氧化反应，其反应速率增大，矿化率提高。在氧反应体系中加入活性炭后，由于在臭氧和活性炭表面上产生了羟基自由基，以及活性炭吸附作用，可提高去除率，降低氧化产物的毒性[21, 22]。

10.3　臭氧在水处理应用中的优点及存在的问题

首先臭氧具有反应速度快、无二次污染的优点；其次臭氧可以将这些大分子的有机物氧化分解成小分子的有机物，从而部分减少产生有毒二次污染物的可能性[23, 24]。但是，使用臭氧和其他化学法一样存在处理成本过高的问题。主要原因是人工产生臭氧的成本比较高，每小时产生 1kg 臭氧，需要消耗 10～12 度（千瓦时）电，同时臭氧在水中的低溶解度限制了臭氧由液相向水相的传递速率，另外，臭氧与有机物反应中选择性差，很容易与氧化反应过程中的中间产物反应，造成臭氧的损失，使臭氧的利用率不高。以上这些缺陷的存在都限制了臭氧氧化水处理法的推广和大规模的工业应用，针对单独臭氧工艺的这种缺陷，人们对臭氧水处理做了很大的改进，这其中可以分为两类：第一，臭氧与其他常规水处理单元相结合；第二，臭氧处理单元自身的改进[25]。

臭氧与其他水处理单元相结合的特点是利用预臭氧化带来的一些有利条件，结合常规的水处理工艺，从而达到事半功倍的目的。例如，预臭氧化出水往往具有较好的可生化性，因此可用臭氧+生化的方法，既能彻底去除水体的 TOC 和 COD，又节约了经济成本。目前一些产生羟基自由基的高级氧化过程受到关注，如 UV/O_3、O_3/H_2O_2 等，但是这些方法需要满足特定的条件，且处理的成本很高。

研究发现，如果用臭氧对难降解有机物进行预处理，可以得到易于降解的中间产物，采用传统的生化法如活性污泥法完全能够处理这些中间产物，为此一些研究者提出将臭氧氧化法与生化法相结合，以弥补单一臭氧化法的不足，对氯代或硝基芳香族化合物的降解实验表明，这种工艺的处理比较理想，因此从技术上来讲它可以作为治理难降解污染物的一种方法，但是从经济角度来看，尽管去除同样的难降解污染物时组合工艺消耗的臭氧要低于单独臭氧化所消耗的，但是由于臭氧氧化反应仍然在水相中进行，造成臭氧氧化法成本的传质速率低和选择性差的主要原因没有解决，因此这种组合工艺要大规模应用，仍然存在经济上的问题。

传统的气液接触设备（如鼓泡塔）中臭氧由气相向液相的传递速率仍然较低，并且在这些气液接触设备中，气相与液相直接接触，在某些条件下会产生泡沫，这些泡沫又需要进一步的处理。使用泡沫抑制剂虽然可以有效地抑制泡沫的产生，但又会造成二次污染，因此解决问题的关键在于如何提高臭氧在水中的传质效率[25]。

参 考 文 献

[1]　Petala M，Samaras P，Zouboulis A，et al. Influence of ozonation on the in vitro mutagenic and toxic potential of secondary effluents. Water Research，2008，42（20）：4929-4940.

[2]   Zimmermann S G, Wittenwiler M, Hollender J, et al. Kinetic assessment and modeling of an ozonation step for full-scale municipal wastewater treatment: Micropollutant oxidation, by-product formation and disinfection. Water Research, 2011, 45 (2): 605-617.

[3]   Hoigné J, Bader H. Rate constants of reactions of ozone with organic and inorganic compounds in water—II: Dissociating organic compounds. Water Research, 1983, 17 (2): 185-194.

[4]   Hoigné J, Bader H. Rate constants of reactions of ozone with organic and inorganic compounds in water—I: Non-dissociating organic compounds. Water Research, 1983, 17 (2): 173-183.

[5]   Tomiyasu H, Fukutomi H, Gordon G. Kinetics and mechanism of ozone decomposition in basic aqueous solution. Inorganic Chemistry, 1985, 24 (19): 2962-2966.

[6]   Benitez F J, Acero J L, Real F J, et al. Ozonation of pharmaceutical compounds: Rate constants and elimination in various water matrices. Chemosphere, 2009, 77 (1): 53-59.

[7]   Garoma T, Umamaheshwar S K, Mumper A. Removal of sulfadiazine, sulfamethizole, sulfamethoxazole, and sulfathiazole from aqueous solution by ozonation. Chemosphere, 2010, 79 (8): 814-820.

[8]   Benner J, Salhi E, Ternes T, et al. Ozonation of reverse osmosis concentrate: Kinetics and efficiency of beta blocker oxidation. Water Research, 2008, 42 (12): 3003-3012.

[9]   Huber M M, Korhonen S, Ternes T A, et al. Oxidation of pharmaceuticals during water treatment with chlorine dioxide. Water Research, 2005, 39 (15): 3607-3617.

[10]   Naddeo V, Belgiorno V, Ricco D, et al. Degradation of diclofenac during sonolysis, ozonation and their simultaneous application. Ultrasonics Sonochemistry, 2009, 16 (6): 790-794.

[11]   Vogna D, Marotta R, Napolitano A, et al. Advanced oxidation of the pharmaceutical drug diclofenac with UV/H_2O_2 and ozone. Water Research, 2004, 38 (2): 414-422.

[12]   Zwiener C, Frimmel F H. Oxidative treatment of pharmaceuticals in water. Water Research, 2000, 34 (6): 1881-1885.

[13]   Huber M M, GÖbel A, Joss A, et al. Oxidation of pharmaceuticals during ozonation of municipal wastewater effluents: A pilot study. Environmental Science and Technology, 2005, 39 (11): 4290-4299.

[14]   Ternes T A, Stüber J, Herrmann N, et al. Ozonation: A tool for removal of pharmaceuticals, contrast media and musk fragrances from wastewater? Water Research, 2003, 37 (8): 1976-1982.

[15]   Rosal R, Gonzalo M S, Rodríguez A, et al. Ozonation of clofibric acid catalyzed by titanium dioxide. Journal of Hazardous Materials, 2009, 169 (1-3): 411-418.

[16]   Esplugas S, Bila D M, Krause L G T, et al. Ozonation and advanced oxidation technologies to remove endocrine disrupting chemicals (EDCs) and pharmaceuticals and personal care products (PPCPs) in water effluents. Journal of Hazardous Materials, 2007, 149 (3): 631-642.

[17]   Dantas R F, Canterino M, Marotta R, et al. Bezafibrate removal by means of ozonation: Primary intermediates, kinetics, and toxicity assessment. Water Research, 2007, 41 (12): 2525-2532.

[18]   Witte B D, Dewulf J, Demeestere K, et al. Ozonation and advanced oxidation by the peroxone process of ciprofloxacin in water. Journal of Hazardous Materials, 2009, 161 (2-3): 701-708.

[19]   Rosal R, Rodríguez A, Gonzalo M S, et al. Catalytic ozonation of naproxen and carbamazepine on titanium dioxide. Applied Catalysis B: Environmental, 2008, 84 (1-2): 48-57.

[20]   Schaar H, Clara M, Gans O, et al. Micropollutant removal during biological wastewater treatment and a subsequent ozonation step. Environmental Pollution, 2010, 158 (5): 1399-1404.

[21] Tay K S，Rahman N A，Abas M R B. Ozonation of parabens in aqueous solution：Kinetics and mechanism of degradation. Chemosphere，2010，81（11）：1446-1453.

[22] Rosal R，Rodríguez A，Perdigón-Melón J A，et al. Removal of pharmaceuticals and kinetics of mineralization by O_3/H_2O_2 in a biotreated municipal wastewater. Water Research，2008，42（14）：3719-3728.

[23] Guay C，Rodriguez M，Sérodes J. Using ozonation and chloramination to reduce the formation of trihalomethanes and haloacetic acids in drinking water. Desalination，2005，176（1-3）：229-240.

[24] Bijan L，Mohseni M. Integrated ozone and biotreatment of pulp mill effluent and changes in biodegradability and molecular weight distribution of organic compounds. Water Research，2005，39（16）：3763-3772.

[25] Silva L M D，Jardim W F. Trends and strategies of ozone application in environmental problems. Quimica Nova，2006，29（2）：310-317.

第 11 章　一体化阶式臭氧反应器去除水中的氯贝酸

由前述研究可知，PhACs 组分在环境中普遍存在，传统的城市污水处理系统的一级处理和二级处理很难将它们完全去除，需要采用新的技术提高这些物质的去除效果。氯贝酸（CA）作为一种脂肪调节剂，同时也是三种脂肪调节剂（氯贝丁酯等）的降解产物，在环境水体包括污水厂进出水、地表水、地下水中普遍被检测到，甚至饮用水中也被检测到[1, 2]。根据第 5 章研究结果，生物处理工艺不能有效降解氯贝酸，目标污水处理厂对其去除效率仅有 40%左右。另外，第 6 章的研究表明，氯贝酸在河流中持久性存在，且对水生生态系统存在潜在的中度风险，因此有必要进一步开展氯贝酸的控制技术研究。目前臭氧技术被认为是去除水体中 PhACs 类污染物的有效方法之一[3, 4]。但是臭氧在废水中处理的应用却受到限制，其主要原因是臭氧在水中的溶解度相对较低，导致臭氧技术在水处理应用中存在臭氧传质效率和利用率低的问题[5, 6]。提高臭氧利用率不仅受臭氧化反应动力学影响，同时还受反应器中臭氧传质效果影响[7, 8]。本章从反应器水动力学和化学反应动力学角度出发，研究采用一体化阶梯式（Cascade-9）反应器作为臭氧接触反应器，通过反应器结构减少返混，提高反应物在反应器中的浓度和延长臭氧在反应器中的停留时间，达到强化臭氧传质效率和利用率的目的，同时以最小的臭氧量实现对目标物的去除。关于臭氧去除 PhACs 的研究大多处于实验室研究阶段，其实验装置多为间歇式或半间歇式、小流量反应器[9-11]，而在工业化方面的应用并不多见。本章研究采用连续流中试规模 Cascade 臭氧反应器去除水体中的氯贝酸，以期为该类化合物的有效治理提供依据。

11.1　实验材料与方法

11.1.1　药品与试剂

氯贝酸标准品、对氯苯甲酸、碘酸钾、碘化均购自 Sigma 公司（Steinheim，德国），甲醇为 HPLC 级（Tedia Company, Inc. USA），H_2O_2 和浓硫酸均购自 Merck 公司（Darmstadt，德国）。

11.1.2　仪器设备

安捷伦高效液相色谱仪 1200（Agilent Technologies，USA）；臭氧发生器

（SORBIOS GSF 50.2，capacity 50 g/L）；UV21100 型紫外-可见分光光度计（美国 Lab Tech 公司）。

11.1.3　分析方法

1. 水中臭氧的测定方法

采用紫外分光光度法测定水中溶解臭氧的浓度。即将水中的臭氧用含有碘化钾的硼酸溶液吸收，臭氧氧化 KI 生成单质 I_2，在 352 nm 紫外波长处吸光度-浓度存在良好线性关系。用 KIO_3 与过量 KI 在酸性条件下立即反应，产生的单质 I_2 作为相当剂量的臭氧标准液。

所需试剂如下。

（1）H_2O_2 溶液：取 0.7 mL H_2O_2 于 200 mL 去离子水中，稀释至 500 mL 容量瓶，取 5.0 mL 此溶液用水稀释至 100 mL。

（2）吸收液（0.62% H_3BO_3-1.0% KI）：称取 6.2 g 硼酸溶于 750 mL 水中，移入 1000 mL 棕色容量瓶中，加入 10.0 g 碘化钾，溶解后再加入 1.0 mL H_2O_2 溶液。5 min 内用纯水稀释至刻度，充分混匀后，立即用 1 cm 石英比色皿在 352 nm 波长下以纯水作对照测定吸光度（A_1）；放置 2 h 后再测定吸光度（A_2）。若 $A_1-A_2 \geqslant 0.008$，则此溶液可用；否则必须重配。吸收液的 pH 为 5.1 ± 0.2。

（3）硫酸溶液：1.0 mol/L。

（4）碘酸钾储备液：0.3568 g KIO_3（105℃干燥 2 h），溶于 1000 mL 去离子水中，该标准溶液 1.00 mL 相当于 240 μg 臭氧。

（5）臭氧标准溶液：1.0 g KI 溶于去离子水中，加入 10.0 mL 碘酸钾储备液及 5.0 mL 1.0 mol/L 硫酸溶液，稀释至 100 mL。此溶液 1.00 mL 相当于 24.0 μg 臭氧。

1）标准曲线的制定

取 8 支 25 mL 棕色比色管，取一定量的臭氧标准溶液于比色管中，用加入硼酸-碘化钾吸收液稀释至 25.0 mL，混匀，配制一系列不同浓度的臭氧标准工作曲线溶液。在 352 nm 处，以 1 cm 石英比色皿为参比测吸光度值 A。用 3 次测定结果平均值进行计算，臭氧浓度在 0～4.8 mg/L 范围内，标准曲线回归方程为

$$Y=0.2997X-3 \times 10^{-4}$$

相关系数 $r=0.9999$，结果见图11.1。

2）样品测定

取 10 mL 含有臭氧的水样于比色管中，加入硼酸-碘化钾吸收液至 25 mL，混匀。于 352 nm 处测定吸收液的吸光度值。取相同体积不含臭氧的去离子水作空白实验，用样品与空白吸光度之差从标准曲线上查出样品管中相当的臭氧浓度。

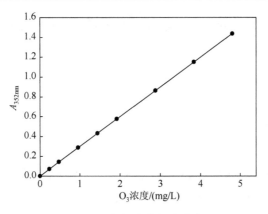

图 11.1　臭氧浓度标准曲线

2. 氯贝酸的定量分析

采用高效液相色谱仪（HPLC）（Agilent 1200，Agilent Technologies Co. Ltd，Palo Alto，USA）对氯贝酸定量，配有二极管阵列检测器（DAD），HPLC 系统包含真空脱气器和自动进样器。UV 检测波长为 230 nm；色谱柱为 C_{18} 反相柱（250 mm×4.6 mm id.，5 μm，SHIMADZU，Japan）；柱温：30℃；流动相：甲醇/水（0.1%乙酸）[60∶40（体积比）]；流速：1 mL/min；进样量：20 μL；仪器检测限为 0.05 mg/L。

11.2　实验装置与方案设计

11.2.1　实验装置

实验装置采用 Cascade 臭氧接触反应器（图 11.2），该反应器具备完全混合反应器和推流反应器的优点。反应器由玻璃制成，呈圆柱形，直径为 150 mm，长 1000 mm，反应器有效容积为 15.4 L。反应器被柱内的内环（直径为 78 mm）和外环（直径为 125 mm）挡盘分割为 9 个高度为 90 mm 的小室，相当于 9 个完全混合反应器。该装置属气、液同向流结构形式，废水由反应器底部进入，顶部侧向流出。臭氧扩散装置安装在底部，采用不锈钢柱状微孔分布器，能产生直径 2～3 mm 的小气泡。进入反应器内的臭氧通过微孔分布器释放，与水接触并进行氧化。在每个小隔室内，在汽提的作用下，水中目标物与臭氧完全混合充分接触，发生氧化反应，臭氧也可在反应器中循环，保证臭氧的充分利用。实验过程中，以一定的液体流速向反应器中通入含有氯贝酸的去离子水。纯氧经流量计进入臭氧发生器，产生的臭氧以一定的流速通入反应器，经气体分布器扩散与水样混合。以反应器顶部侧向出水口作为取样口，可在处理废水的过程中取样。在样品收集瓶中加入硫代硫酸钠以中止氧化反应，消除干扰。尾气处理单元为含有 20%的 KI 溶液收集瓶。所有接触的容器、管道均用聚氟乙烯、玻璃或含铬不锈钢等防腐蚀材质，具体实验装置流程如图 11.3 所示。实验装置主要由氧气瓶、臭氧发生器、Cascade 反应器、尾气处理单元等四部分组成。

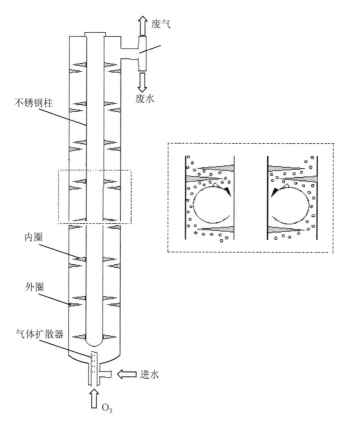

图 11.2　Cascade 臭氧接触反应器

11.2.2　Cascade 反应器性能研究

1. 停留时间分布测定

实验采用脉冲示踪法测定 Cascade 反应器的水力停留时间分布。即当反应器中流体达到定态流动后，在某个极短的时间内，将示踪剂注入进料中，通过分析出口物料中示踪剂浓度随时间的变化，从而确定停留时间分布。分别在不同的进料流量下，对反应器的停留时间分布规律和水力混合状况进行研究，并求出平均

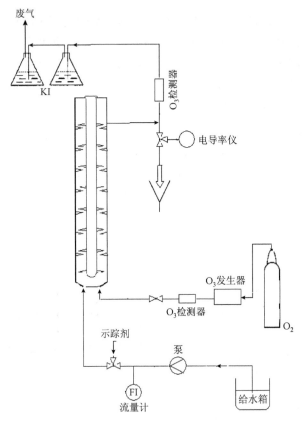

图 11.3　实验装置流程图

停留时间。示踪剂选用氯化钠，为减少实验时的误差，将示踪剂配制成浓溶液，取浓溶液 50 mL，相当的示踪剂的量为 60 g，用注射器快速加入，在 5～10 s 内完成，约为整个运行时间的 0.03%，满足脉冲信号的要求。在实验期间，为避免其他物质对示踪剂测定的影响，实验用水为去离子水。实验开始时，先用去离子水以一定流速通入反应器，并调节气速，当达到定态流动时，用注射器在某一瞬间注入一定量的氯化钠溶液，同时，在反应器出口采用电导率仪在线连续测定反应器出口处示踪剂氯化钠浓度，用 NI Ⅵ logge 软件采集记录数据，测定结果以电导率来表示。

　　根据测定结果，用式（11.1）～式（11.8）计算示踪剂的停留时间分布密度函数 $E(\theta)$、平均停留时间 t_{m}^{2} 和停留时间分布的散度 σ_{t}^{2}。

$$\theta = \frac{t}{t_{m}} \tag{11.1}$$

$$E(\theta) = \frac{t_{m}C(t)}{\int_{0}^{\infty}C(t)\mathrm{d}t} \tag{11.2}$$

采用离散形式表达, 并取相同时间间隔 Δt , 则

$$E(\theta) = \frac{t_m C(t)}{\sum C(t)} \qquad (11.3)$$

$$t_m = \frac{\int_0^\infty t C(t) \mathrm{d}t}{\int_0^\infty C(t) \mathrm{d}t} \qquad (11.4)$$

采用离散形式表达, 并取相同时间间隔 Δt , 则

$$t_m = \frac{\sum t C(t) \Delta t}{\sum C(t) \Delta t} \qquad (11.5)$$

σ_t^2 的表达式为

$$\sigma_t^2 = \int_0^\infty t^2 C(t) \mathrm{d}t - t_m^2 \qquad (11.6)$$

也用离散形式表达, 并取相同 Δt , 则

$$\sigma_t^2 = \frac{\sum t^2 C(t)}{\sum C(t) - t_m^2} \qquad (11.7)$$

$$\sigma_\theta^2 = \frac{\sigma_t^2}{t_m^2} \qquad (11.8)$$

运用多釜全混流反应器串联模型, 可以判断反应器内的返混程度, 多釜全混流反应器串联模型实际上是将反应器看作是多个全混流反应器的串联组合, 以反应器的串联级数 N 作为模型参数, N 的计算公式如下

$$N = \frac{1}{\sigma_\theta^2} \qquad (11.9)$$

2. Cascade 臭氧反应器中臭氧的传质

采用连续流考察反应器的臭氧传质效率, 如图 11.3 所示, 氧气从氧气瓶中进入臭氧发生器, 在臭氧发生器中产生臭氧和氧气的混合气体。臭氧混合气体从反应器底部和去离子水同向流入反应器中, 按一定的时间间隔取样, 测水中臭氧浓度。气相中臭氧浓度通过在线紫外检测器 (UV1200/2000, Shimadzu Co. Ltd) 连续检测, 水相中的溶解臭氧浓度用紫外分光光度法检测。当反应器中臭氧达到饱和时, 关闭臭氧发生器, 停止通入臭氧; 并同时关闭反应器的进出水阀门, 继续按一定时间间隔取样测水中臭氧浓度, 取样时间总共 1 h。所有实验中, 反应温度控制在 25℃, 进入反应器的混合气体中臭氧浓度均控制在 10 g/Nm³。分别考察了反应器内气液流速、溶液 pH 等因素对臭氧传质效率的影响。

11.2.3 氯贝酸在 Cascade 臭氧反应器中的臭氧氧化研究

1. 氯贝酸的臭氧化动力学研究

通过半连续实验，研究不同 pH 条件下氯贝酸的臭氧氧化反应动力学。即在 Cascade 反应器中预先注入含有一定浓度氯贝酸的水样，并持续通入臭氧，待反应器内液相臭氧浓度达到稳态，开始反应。在设定的时间间隔取样，取样瓶中加入一定量的 0.5 mmol/L 的硫代硫酸钠溶液终止反应，样品经处理后进行分析，臭氧尾气由 20%的 KI 溶液吸收。

氯贝酸与臭氧反应化学剂量系数比（Z）的确定实验在 1 L 的平底烧瓶内进行，通过迅速混合高浓度氯贝酸和臭氧水溶液以确保臭氧瞬间被完全消耗。混合溶液中通过添加适量的抑制污染物和羟基自由基之间的副反应，通过向平底烧瓶内连续鼓泡获得饱和臭氧水溶液。二者的化学剂量系数比通过以下方程计算得出

$$Z = \frac{[O_3]_0 - [O_3]_f}{[C]_0 - [C]_f}$$

式中，$[O_3]_0$ 和$[C]_0$ 分别为反映初始臭氧和氯贝酸的浓度，$[O_3]_f$ 和$[C]_f$ 分别为反应终止臭氧和污染物浓度。

2. 氯贝酸在 Cascade 臭氧反应器中的降解效果

通过连续流实验，研究氯贝酸在 Cascade 反应器中的臭氧化降解效果。配制一定浓度的氯贝酸水样，以一定的流速通入反应器中，同时臭氧通过臭氧发生器产生后，以一定的流速从反应器底部通过气体分布器均匀分散到反应器中，与反应器中水溶液充分混合，发生氧化反应。按一定的时间间隔从反应器顶部出水口处取样，在取样瓶中加入一定量 0.5 mmol/L 的硫代硫酸钠溶液终止臭氧化反应。分别测定水样中的氯贝酸、TOC 浓度和臭氧浓度。为了研究氯贝酸的臭氧氧化反应动力学，氯贝酸的初始浓度应高于实际环境水体中的浓度。本实验分别考察了氯贝酸初始浓度、溶液 pH、气体和液流速等对氯贝酸降解效果的影响。

11.3 结果与讨论

11.3.1 停留时间分布测定

反应器的性能一般通过反应器内停留时间分布（residence time distribution，RTD）来判断。本实验分别考察了气体流速在 0.17 cm/s（100 L/h）、0.27 cm/s（150 L/h）和 0.35 cm/s（200 L/h），液体流速分别在 0.07 cm/s（40 L/h）、0.14 cm/s（80 L/h）、0.21 cm/s

（120 L/h）和 0.26 cm/s（140 L/h）等条件下，Cascade 反应器内停留时间的分布情况。图 11.4 和图 11.5 分别为不同的液体和气体流速条件下的停留时间分布曲线。在测定了反应器的停留时间分布后，采用多釜串联模型评价反应器的返混情况。表 11.1 列出了在不同气液流速条件下得到的 Cascade 反应器内停留时间分布相应的统计特征值。

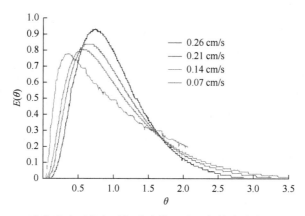

图 11.4　液体流速对停留时间分布的影响（气体流速为 0.35 cm/s）

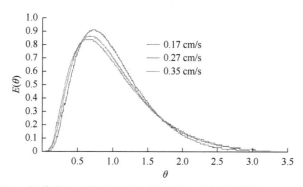

图 11.5　气体流速对停留时间分布的影响（液体流速为 0.21 cm/s）

表 11.1　不同气液表观流速下 Cascade 反应器多级全混流模型参数 **N** 和反应器实际级数 **n**

v_l/(cm/s)	v_g/(cm/s)	N	N/n
	0.09	7.3	0.81
0.07	0.17	6.9	0.77
	0.27	6.3	0.7
	0.35	5.9	0.66
0.14	0.35	6.1	0.68
	0.09	7.8	0.87
0.21	0.17	7.6	0.84
	0.27	7.1	0.79

$v_l/(cm/s)$	$v_g/(cm/s)$	N	N/n
0.26	0.27	7.2	0.8
	0.35	6.9	0.77

通过对多级全混流模型参数 N 和反应器实际级数 n（$n=9$）比较，结果表明，通过增加液体表面流速，可以增加反应模型参数 N。随着模型参数 N 的增加，反应器特性越趋近于理想的平推流反应器。并且反应模型参数 N 越趋近于反应器的实际级数 n，越能发挥反应器实际效能。表观气体流速增加，使反应器内返混程度增大。在实际应用中，Cascade 反应器很难达到理想平推流反应器的性能，由于成本限制，通常 Cascade 反应器级数 $n \leqslant 4$。本章研究的结果表明，Cascade 反应器级数 $n > 4$ 的情况是可以实现的。

11.3.2 Cascade 反应器中臭氧总传质效率

1. Cascade 反应器中臭氧传质模型

在臭氧与水中污染物反应体系中，气相臭氧向水中的传质主要受两种过程控制，一是气相臭氧在水中的吸收，二是臭氧和水中污染物间的化学反应，即物理吸收和化学吸收。气-液物理吸收的经典理论是双膜理论：当两相接触时，传质的主要阻力在靠近两相界面两侧的膜中。由于臭氧在水相中溶解度较低，因此气相中臭氧传质阻力可以忽略。液相中臭氧传质系数（$K_L a$）通过双膜理论来计算[12]：

$$\frac{dC}{dt} = K_L a(C^* - C) - k_d C \tag{11.10}$$

式中，C 为水中臭氧浓度；C^* 为饱和臭氧浓度；k_d 为臭氧自解速率常数。

臭氧自解速率常数 k_d 值可通过臭氧的自解实验得到。已有研究表明，溶液 pH 是一个影响水中臭氧自解的重要因素。因此在测定臭氧自解的实验中，分别研究了不同 pH（2、7、9）条件下臭氧的自解情况。结果表明，臭氧在水中的自解遵循准一级反应动力学，当 pH<7 时，对臭氧的自解影响很小，但是在高 pH 条件下，臭氧的自解速率会有所升高。图 11.6 给出了 pH=7、气体流速为 0.35 cm/s 操作条件下，反应器中臭氧浓度随时间的变化曲线。由图 11.6 可以看出，臭氧在水中的自解遵循一级反应动力学，臭氧的自解速率常数 k_d 可以通过式（11.11）计算得到：

$$\frac{dC}{dt} = -k_d C \tag{11.11}$$

式中，C 为水中臭氧浓度。

　　根据式（11.11）可知，图 11.6 中的臭氧自解曲线线性拟合的斜率即为自解速率常数 k_d，通过拟和得到 k_d 为 0.029 min^{-1}，同样方式分别得到臭氧在 pH=2 和 9 的条件下，k_d 分别为 0.016 min^{-1} 和 0.042 min^{-1}。臭氧的 k_d 值远远低于接下来得到的臭氧传质系数，因此臭氧在反应器中的自解可以忽略。

　　同时，式（11.10）可简化为

$$\frac{\mathrm{d}C}{\mathrm{d}t} = kK_{\mathrm{L}}a(C^* - C) \tag{11.12}$$

对式（4.12）两边积分得到式（11.13）：

$$\ln \frac{C^* - C}{C^* - C} = K_{\mathrm{L}}at \tag{11.13}$$

因此臭氧传质系数（$K_{\mathrm{L}}a$）可通过对臭氧在水中的浓度随时间变化的数据进行线性回归得到。

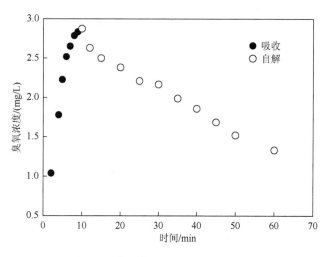

图 11.6　臭氧的吸收和自解（pH=7）

2. 气体和液体流速对臭氧传质效果的影响

　　对于液体流速对臭氧接触反应器中臭氧传质影响的报道较少[13-15]。有研究表明，臭氧传质系数 $K_{\mathrm{L}}a$ 随着液体表观流速的增加而增大。在本章的 Cascade 臭氧接触反应器中，也发现臭氧传质系数 $K_{\mathrm{L}}a$ 随着液体流速的增加而增大，如图 11.7 所示。这是由于增大液体流速同样增大了流体湍动程度，系统内气液传质液膜减薄、传质阻力减小，从而提高了臭氧在液相中的传质系数。对于气体流速的影响，当气体流速在 50~200 L/h 范围内增加时，臭氧传质系数 $K_{\mathrm{L}}a$ 随着气体流速的增加而增加，但是当气体流速继续增加至 250 L/h 时，臭氧传质系数 $K_{\mathrm{L}}a$ 反而下降，这里可能有两方面的原因，进入溶液中的臭氧量随着气体流速的增加而增加，而且流速越大，气液混合度也越好；同时，臭氧量增多使得气液接触面积增大，气泡表面液膜与液相主体的传质阻力下降，故气体流速从 50 L/h 上升到 200 L/h 时，臭氧传质系数 $K_L a$ 也上升。然而，当气体流速继续上升，反应器中的气泡也明显增多，气泡间的聚合程度加大，使得臭氧在气液传质过程中的两相界面面积减少，增大了传质阻力，导致臭氧传质系数 $K_L a$ 降低；另外，虽然气速增大，臭氧产生量有一定的增加，但是主要增加的是氧气量，大量氧气会将臭氧带出水溶液，影响臭氧在水中的吸收，降低臭氧在液相中的传质[16]。

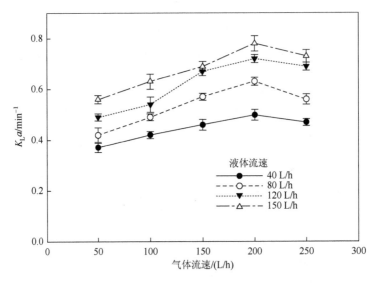

图 11.7　气液流速对臭氧传质系数的影响

3. pH 和饱和臭氧浓度对臭氧传质效果的影响

图 11.8 给出了溶液 pH 和臭氧饱和浓度对臭氧传质系数 $K_L a$ 的影响。由图可知，随着溶液 pH 的增加，反应器溶液中臭氧饱和浓度降低，但是臭氧传质系数 $K_L a$ 的变化不明显。原因可以通过水相中发生的以下反应解释：

$$O_3 + OH^- \longrightarrow HO_2 + O_2^- \tag{11.14}$$

$$O_3 + HO_2 \longrightarrow 2O_2 + \cdot OH \tag{11.15}$$

由以上两个反应方程式中可以看出，OH^- 是影响臭氧自解的主要因素。因此由于臭氧自身的稳定性和缓慢的自解作用，使得在较低 pH 条件下，溶液中具有较高的饱和臭氧浓度。然而，由于臭氧的自解遵循一级反应动力学，即使反应器中不同臭氧饱和浓度条件下，臭氧吸附过程中水中臭氧浓度与饱和臭氧浓度的比值（C/C^*）是不变的。因此可以得出，臭氧传质系数 $K_L a$ 与臭氧饱和浓度和溶液 pH 没有直接关系。

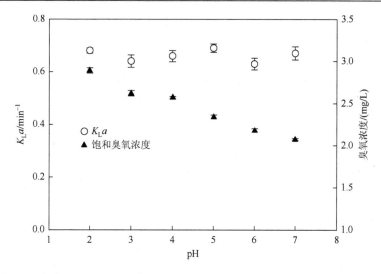

图 11.8　溶液 pH 和饱和臭氧浓度对 K_La 的影响（v_g=0.27 cm/s，v_l=0.21 cm/s）

11.3.3　氯贝酸的臭氧氧化反应动力学研究

1. 臭氧化过程的化学计量系数（z）

反应计量系数比值定义为与 1 mol 氯贝酸反应所消耗的臭氧摩尔数[式（11.16）]，通过计算这个值，可以表达臭氧消耗速率和氯贝酸消耗速率之间的数量关系。而且，当臭氧在水中发生快速反应时，反应计量系数也是建立臭氧吸附动力学体系、定义臭氧和污染物非均相反应动力学的基本参数。

$$CA + zO_3 \longrightarrow P \qquad\qquad (11.16)$$

式中，CA 为污染物；P 为产物。表 11.2 给出了不同 pH 条件下氯贝酸的臭氧氧化反应剂量系数。由表中结果可知，pH 对氯贝酸的臭氧氧化反应剂量系数没有明显的影响，本实验条件下，氯贝酸的臭氧氧化反应剂量系数约等于 2，即每减少 1 mol 的氯贝酸消耗 2 mol 的臭氧。

表 11.2　不同 pH 条件下氯贝酸的臭氧氧化反应剂量系数（[CA]$_0$=3 mg/L，[O$_3$]$_{in}$=2.4 mg/L）

pH	化学计量系数（z）
2.4	1.8
4.6	2
7.2	2
9.0	2

2. 臭氧化反应速率常数

一般而言，有机物的臭氧化降解既包括臭氧的直接氧化反应，也包括羟基自由基的间接氧化反应，因此，臭氧氧化有机物总的速率方程可用式（11.17）表示：

$$d[S]/dt = -(k_{O_3}[O_3] + k_{OH}[OH])[S] = -K_{obs}[S] \tag{11.17}$$

式中，k_{O_3} 和 k_{OH} 分别为分子臭氧直接氧化和羟基自由基间接氧化的速率常数；K_{obs} 为臭氧氧化的表观反应速率常数。

表观反应速率常数 K_{obs} 取决于直接反应速率常数 k_{O_3} 与间接反应速率常数 k_{OH} 及臭氧与·OH 的浓度，并假设不随时间而变化。这样，臭氧与有机物的所有个别反应都总和在一起而且臭氧的分解也被包括进去了（可通过 pH 改变对 K_{obs} 的影响）。

氯贝酸的臭氧氧化总反应可由以下方程表示：

$$CA + O_3 \longrightarrow P(产物)$$

基于上述反应得到双氯酚酸的降解动力学方程为

$$dC / dt = -K_{obs}C \tag{11.18}$$

式中，C 为氯贝酸的浓度，mol/L；t 为反应时间，s；K_{obs} 为氯贝酸的臭氧氧化反应表观速率常数，s^{-1}。

对式（11.18）两边积分得到

$$\ln \frac{C}{C_0} = -K_{obs}t \tag{11.19}$$

图 11.9 给出了氯贝酸的臭氧氧化表观动力学过程。根据式（11.19）对 $\ln \frac{C}{C_0}$-t 进行线性拟合，得出不同 pH 条件下，氯贝酸的臭氧氧化表观速率常数 K_{obs}（表 11.3）。由图 11.9 和表 11.3 可以看出，随着溶液 pH 的增加，氯贝酸的臭氧氧化表观速率常数 K_{obs} 随之增加，原因是溶液的 pH 越高就越容易产生更多的羟基自由基，羟基自由基与有机物的反应速率快且无选择性，从而使得氯贝酸的臭氧氧化表观反应速率加快。

本小节采用竞争动力学方法测定了氯贝酸的单独臭氧氧化速率常数 k_{O_3} 和间接臭氧氧化速率常数 k_{OH}[17]。这种方法最大的优点是选取一种合适的参照有机物，实验过程可以不用考虑水中臭氧浓度的变化，从而降低数学处理上的复杂性

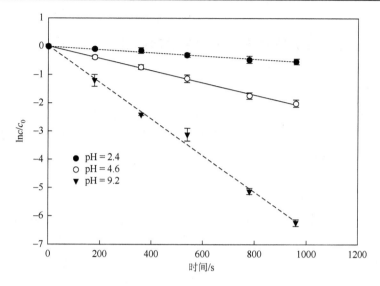

图 11.9　氯贝酸的臭氧氧化表观动力学（C_0=3 mg/L）

表 11.3　不同 pH 条件下氯贝酸的 K_{obs} 值

pH	K_{obs} /s^{-1}	R^2
2.4	0.6×10^{-3}	0.9843
4.6	2.1×10^{-3}	0.9973
9.2	6.7×10^{-3}	0.9931

和实验操作上可能带来的误差。选用对氯苯甲酸作为参比化合物 S′，因其具有较低的臭氧直接反应速率常数 $[k'_{O_3} \approx 1\ \text{L/(mol·s)}]$ 和较高的间接反应速率常数 $[k'_{OH} = 5 \times 10^9\ \text{L/(mol·s)}]$。采用相对法，根据式（11.20）和式（11.21）可以求得氯贝酸的 k_{O_3} 和 k_{OH}。

$$\ln\frac{C_t}{C_0} = \frac{k_{O_3}}{k'_{O_3}} \times \frac{\ln C'_t}{\ln C'_0} \tag{11.20}$$

$$\ln\frac{C_t}{C_0} = \frac{k_{OH}}{k'_{OH}} \times \frac{\ln C'_t}{\ln C'_0} \tag{11.21}$$

式中，C' 为对氯苯甲酸的浓度，mol/L。

直接反应速率常数 k_{O_3} 在 pH=2 的条件下测定，实验中加入适量自由基猝灭剂叔丁醇以屏蔽溶液中羟基自由基的降解。间接反应速率常数在 pH=9 的条件下测定。根据实验结果，将对氯苯甲酸的两个反应速率常数分别带入式（11.20）和式（11.21），最后求得氯贝酸的 k_{O_3} 为 18.9 L/(mol·s)，k_{OH} 为 3.4×10^9 L/(mol·s)[18]。

11.3.4 Cascade 臭氧反应器中氯贝酸的降解效果

1. 氯贝酸初始浓度对降解效果的影响

在相同的反应条件下，不同初始浓度的氯贝酸的降解速率有所不同，低浓度的相对来说降解速度更快一些。本实验考察了氯贝酸进水浓度分别为 2 mg/L、4 mg/L、6 mg/L、8 mg/L 和 10 mg/L 时，反应器达到稳态后，氯贝酸和 TOC 的去除效果。反应器运行参数为：气体流速为 50 L/h，液体流速为 40 L/h，进气中臭氧浓度为 10 g/Nm^3。实验结果如图 11.10 所示，氯贝酸和 TOC 的去除率随着氯贝酸初始浓度的增加而降低。氯贝酸初始浓度为 2 mg/L 时，氯贝酸和 TOC 的去除率分别为 74.9% 和 41.6%，氯贝酸被去除的绝对量为 23 mg。当氯贝酸浓度增加到 10 mg/L 时，只有 19.8% 的氯贝酸和 10.2% 的 TOC 被降解，氯贝酸被去除的绝对量为 30.5 mg。这是由于当氯贝酸初始浓度较高时，臭氧氧化氯贝酸的中间产物浓度也越高，使得中间产物的臭氧耗用量增大，因而对氯贝酸和 TOC 的去除率也有所下降[19, 20]。因此，反应器进水中氯贝酸初始浓度越高去除率越低，但是随着氯贝酸初始浓度的增加，绝对降解量也在增加。

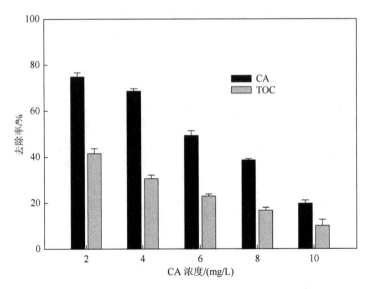

图 11.10 不同初始氯贝酸浓度对氯贝酸和 TOC 去除效果的影响

[CA]$_0$=2 mg/L，Q_g=200 L/h，Q_L=40 L/h，t=30 min，[O$_3$]$_{g.in}$=10 g/Nm^3

2. 气体流速对氯贝酸去除效果的影响

氯贝酸初始浓度为 2 mg/L，气相臭氧浓度为 10 g/Nm^3，液相流量为 40 L/h，初始 pH=7 时，由图 11.11 给出了不同气体流速下，反应器达到稳态后，氯贝酸和 TOC 的去除效果。由图可以看到，当进气流量从 50 L/h 上升至 200 L/h 时，氯贝酸和 TOC 的去除率随着气流量的增加而增加，其中氯贝酸的去除率从 44.3%增加至 77.6%。TOC 的去除率从 17.2%增加至 45.3%。但是当气流量继续增至 250 L/h 时，氯贝酸的去除率反而下降至 71%，TOC 的去除率也下降至 38.4%。在实际反应中的最佳气体流速为 200 L/h，其主要原因是臭氧氧化过程中，臭氧向液相的传质过程由液膜控制，随着气速的增加，臭氧由气相向液相传质的气液有效面积也随之增加，从而增大了臭氧的传质系数，加快了臭氧溶解。臭氧的溶解伴随着自身的分解反应，因此在单纯臭氧溶解的液相主体中臭氧的浓度逐渐增大直到臭氧在溶液中达到吸附、分解的动态平衡，浓度就不再增大[21]。另外，虽然低的气体流速可以降低反应器内的返混程度，但是 Cascade 反应器内每个隔室内的气液混合强度不够，影响臭氧和氯贝酸的充分接触，故气体流速从 50 L/h 上升到 200 L/h，氯贝酸和 TOC 的去除率随着气体流速的增加而增加。气体流速过大，导致反应器内气泡变大、气泡停留时间变短、气泡扰动加剧、气泡的聚合现象增多、气液界面积减小，这些对臭氧传质效果产生负面影响，减少了进入水中的臭氧量，导致处理效率下降。过大的氧气流量也会将臭氧带出溶液，降低水中的溶臭氧。再加大进气流量，不但不会提高处理效果还会增加运行成本。另外，随着气体流速的增加，使 Cascade 反应器内返混程度加大，从而导致臭氧氧化反应速率下降，降低去除效果。因此本章在以后的研究中，采用的气体流速为 200 L/h。

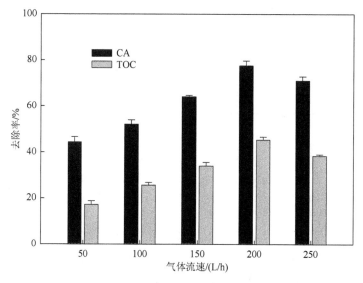

图 11.11　气体流速对氯贝酸和 TOC 去除效果的影响

$[CA]_0$=2 mg/L，Q_L=40 L/h，pH=7，t=30 min，$[O_3]_{g.in}$=10 g/Nm^3

3. 液体流速对氯贝酸降解效果的影响

氯贝酸初始浓度为 2 mg/L，气相臭氧浓度为 10 g/Nm³，气相流量为 200 L/h，初始 pH=7 时，不同液体流量下，反应器达到稳态后，氯贝酸和 TOC 的去除效果如图 11.12 所示。由图可以看出，氯贝酸和 TOC 的去除率随着液体流速的增加而降低。当液体流速由 40 L/h 增加到 120 L/h 时，氯贝酸的去除率从 78.6%降低至 39.7%。TOC 的去除率从 46%降低至 20.8%。提高液相流量可以降低液相的传质阻力，从而增大液相的传质系数，主要原因是提高液相流量可以使液膜厚度变薄。提高液相流速一方面使液相传质系数增加，从而降低总传质阻力[21]；另一方面液体流速的增加能够降低 Cascade 反应器内的返混程度；但是提高液相流速会导致氯贝酸在反应器中的停留时间降低从而降低氯贝酸的降解率，本章中反应器在液体以连续流方式下，因此随着液体流速的增加，水力停留时间降低，使反应器内液体和臭氧的接触时间变短，从而降低了氯贝酸和 TOC 的去除效果。

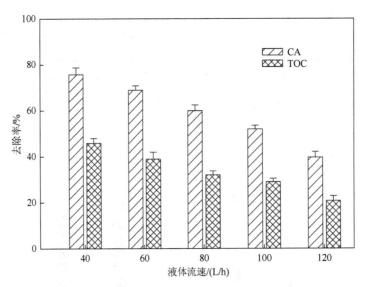

图 11.12　液体流速对氯贝酸和 TOC 去除效果的影响

[CA]$_0$=2 mg/L，Q_g=200 L/h，pH=7，[O$_3$]$_{g.in}$=10 g/Nm³

4. pH 对氯贝酸降解效果的影响

在臭氧氧化体系中，水溶液 pH 对臭氧氧化降解有机物的速率有着重要的影响。这主要表现在两个方面：第一，氯贝酸是一种弱酸，也是一种可解离有机物，对于绝大多数可解离有机物来说，解离状态时臭氧氧化反应速率常数往往比分子状态的反应速率常数要大得多。pH 升高有利于对氯贝酸中间产物的解离。第二，溶液 pH 升高将会促使臭氧的分解，产生氧化活性比臭氧更高的羟基自由基，从而达到更快和更彻底去除有机物的目的[19]。氯贝酸初始浓度为 2 mg/L、气相臭氧浓度为 10 g/Nm³、气相流量为 200 L/h、液相流量为 40 L/h 时，不同初始 pH 条件下，反应器达到稳态后，氯贝酸和 TOC 的去除效果如图 11.13 所示。由图可以看出，氯贝酸和 TOC 的去除效果随着进水初始 pH 的增加而增加。但是当初始 pH 达到 9 后，继续增加 pH，氯贝酸的去除率增加幅度不明显。这是由于低 pH 时，在水中分解不够彻底，没有产生足够的羟基自由基，主要发生臭氧直接氧化作用，因此去除效果较低；虽然随着 pH 升高，羟基自由基产量在逐渐增加，大部分臭氧被分解为活性强烈的羟基自由基，羟基自由基与氯贝酸的反应成为主导因素，因此整个反应过程的反应速度有较大的提升，提高了氯贝酸的去除效果。与酸性条件相比，氯贝酸及其降解产物在碱性条件下的解离程度大，这些离子的臭氧化速率高于未解离的氧化速率，同时，臭氧化过程分为直接反应和间接反应途径，直接氧化是指具有偶极性的臭氧在有机分子的双键位置发生选择性强的环加成反应，使有机物降解，它一般在酸性条件下发生，反应速率相对较慢；间接反应是在高碱性条件下臭氧分解为·OH 参加降解反应，反应速率相对较快，更加有利于降解反应。在低 pH 时，臭氧主要以分子的形式直接氧化有机物，当大于 5 时，臭氧化反应以·OH 的形式间接氧化有机污染物，提高 pH 使得·OH 途径成分加大，反应速率提高。当初始 pH 提高到一定程度后，臭氧化反应完全按自由基型间接反应途径进行，而且在高初始 pH 下，有机物解离对反应速率的影响减弱。因此当 pH 为 10 时，氯贝酸的去除率增加幅度不明显。另外，从图中可以看出，进水

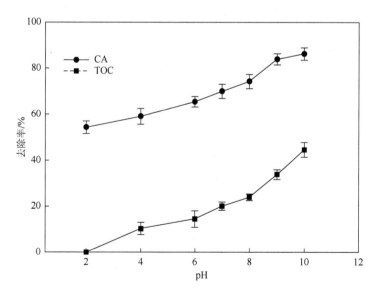

图 11.13　进水 pH 对氯贝酸和 TOC 去除效果的影响

$[CA]_0$=2 mg/L，Q_g=200 L/h，Q_L=40 L/h，t=30 min，$[O_3]_{g.in}$=10 g/Nm³

初始 pH 为 2 时，TOC 没有去除，表明氯贝酸没被矿化，而是转化为其他中间产物，因为此条件下，起氧化作用的只有臭氧分子，没有产生非选择性的羟基自由基来进一步氧化中间产物。

11.4　小　　结

（1）通过对多级全混流模型参数 N 和反应器实际级数 n（$n=9$）比较，结果表明，通过增加液体表面流速，可以增加反应模型参数 N。随着模型参数 N 的增加，使得反应器特性越趋近于理想的平推流反应器。并且反应模型参数 N 越趋近于反应器的实际级数 n，越能发挥反应器实际效能。表观气体流速增加，使反应器内返混程度加大。在实际应用中，Cascade 反应器很难达到理想平推流反应器的性能，由于成本限制，通常 Cascade 反应器级数 $n \leqslant 4$。本章的结果表明，Cascade 反应器级数 $n > 4$ 的情况是可以有效实现的。

（2）通过气体和液体流速对臭氧传质影响的研究结果表明，在 Cascade 臭氧接触反应器中，臭氧传质系数 $K_L a$ 随着液体流速的增加而增加。当气体流速在 50～200 L/h 范围内增加时，臭氧传质系数 $K_L a$ 随着气体流速的增加而增加，但是当气体流速继续增加至 250 L/h 时，臭氧传质系数 $K_L a$ 反而下降。pH 和臭氧饱和浓度对臭氧传质系数 $K_L a$ 的影响不大。

（3）pH 对氯贝酸的臭氧氧化反应计量系数没有明显的影响，本实验条件下，氯贝酸的臭氧氧化反应计量系数约等于 2，即每减少 1 mol 氯贝酸消耗 2 mol 臭氧。

（4）随着溶液 pH 的增加，氯贝酸的臭氧氧化表观速率常数 K_{obs} 随之增加。利用竞争动力学方法，测得氯贝酸的直接臭氧氧化速率常数 k_{O_3} 为 18.9 L/(mol·s)，与羟基自由基反应的间接氧化速率常数 k_{OH} 为 3.4×10^9 L/(mol·s)。

（5）各种影响因素对氯贝酸降解效果影响的研究结果表明，反应器进水中氯贝酸初始浓度越高去除率越低，原因在于臭氧氧化的中间产物的竞争作用。气体流速的增加，因减小了气液传质阻力而提高了臭氧在水中的传质速率，从而有利于氯贝酸的臭氧化降解；但是气体流速过大，一方面对臭氧传质效果产生负面影响，另一方面使 Cascade 反应器内返混程度加大，从而导致臭氧氧化反应速率下降，降低了氯贝酸的去除效果。液体流速的增加能够降低 Cascade 反应器内的返混程度，但是提高液相流速会导致氯贝酸在反应器中的停留时间降低，从而降低氯贝酸的降解效率。初始 pH 的增加，提高了氯贝酸的解离度并产生羟基自由基，使氯贝酸的臭氧降解效果提高，继续提高 pH，氯贝酸的去除率增加幅度不明显。

（6）Cascade 臭氧接触反应器具有高效的臭氧传质效率，并且减少了反应器内部的返混程度，可以有效去除水中的氯贝酸，作为高级氧化工艺在环境水体药物残余的去除方面有较好的应用前景。

参 考 文 献

[1] Ternes T A. Occurrence of drugs in German sewage treatment plants and rivers. Water Research，1998，32（11）：3245-3260.

[2] Heberer T. Occurrence，fate，and removal of pharmaceutical residues in the aquatic environment：A review of recent research data. Toxicology Letters，2002，131（1-2）：5-17.

[3] Huber M M，Canonica S，Park G Y，et al. Oxidation of pharmaceuticals during ozonation and advanced oxidation processes. Environmental Science and Technology，2003，37（5）：1016-1024.

[4] Ternes T A，Stüber J，Herrmann N，et al. Ozonation：A tool for removal of pharmaceuticals，contrast media and musk fragrances from wastewater？ Water Research，2003，37（8）：1976-1982.

[5] Audenaert W T M，Callewaert M，Nopens I，et al. Full-scale modelling of an ozone reactor for drinking water treatment. Chemical Engineering Journal，2010，157（2-3）：551-557.

[6] Farines V，Baig S，Albet J，et al. Ozone transfer from gas to water in a co-current upflow packed bed reactor containing silica gel. Chemical Engineering Journal，2003，91（1）：67-73.

[7] Silva L M D，Jardim W F. Trends and strategies of ozone application in environmental problems. Quimica Nova，2006，29（2）：310-317.

[8] Lin S H，Wang C H. Industrial wastewater treatment in a new gas-induced ozone reactor. Journal of Hazardous Materials，2003，98（1-3）：295-309.

[9] Cheng J，Yang Z R，Chen H Q，et al. Simultaneous prediction of chemical mass transfer coefficients and rates for removal of organic pollutants in ozone absorption in an agitated semi-batch reactor. Separation and Purification Technology，2003，31（1）：97-104.

[10] Lucas M S，Peres J A，Puma G L. Treatment of winery wastewater by ozone-based advanced oxidation processes（O_3，O_3/UV and O_3/UV/H_2O_2）in a pilot-scale bubble column reactor and process economics. Separation and Purification Technology，2010，72（3）：235-241.

[11] Muroyama K，Yamasaki M，Shimizu M，et al. Modeling and scale-up simulation of U-tube ozone oxidation reactor for treating drinking water. Chemical Engineering Science，2005，60（22）：6360-6370.

[12] Gao M T，Hirata M，Takanashi H，et al. Ozone mass transfer in a new gas-liquid contactor-Karman contactor. Separation and Purification Technology，2005，42（2）：145-149.

[13] Kukuzaki M，Fujimoto K，Kai S，et al. Ozone mass transfer in an ozone-water contacting process with Shirasu porous glass（SPG）membranes—A comparative study of hydrophilic and hydrophobic membranes. Separation and Purification Technology，2010，72（3）：347-356.

[14] López-López A，Pic J S，Benbelkacem H，et al. Influence of t-butanol and of pH on hydrodynamic and mass transfer parameters in an ozonation process. Chemical Engineering and Processing，2007，46（7）：649-655.

[15] Tiwari G，Bose P. Determination of ozone mass transfer coefficient in a tall continuous flow counter-current bubble contactor. Chemical Engineering Journal，2007，132（1-3）：215-225.

[16] Nakao K，Takeuchi H，Kataoka H，et al. Mass transfer characteristics of bubble columns in recirculation flow regime. Industrial and Engineering Chemistry Process Design and Development，1983，22（4）：577-582.

[17] Benitez F J，Acero J L，Real F J，et al. Ozonation of pharmaceutical compounds：Rate constants and elimination in various water matrices. Chemosphere，2009，77（1）：53-59.

[18]　Rosal R，Gonzalo M S，Boltes K，et al. Identification of intermediates and assessment of ecotoxicity in the oxidation products generated during the ozonation of clofibric acid. Journal of Hazardous Materials，2009，172（2-3）：1061-1068.

[19]　Matheswaran M，Moon I S. Influence parameters in the ozonation of phenol wastewater treatment using bubble column reactor under continuous circulation. Journal of Industrial and Engineering Chemistry，2009，15（3）：287-292.

[20]　Garoma T，Matsumoto S. Ozonation of aqueous solution containing bisphenol A：Effect of operational parameters. Journal of Hazardous Materials，2009，167（1-3）：1185-1191.

[21]　Soares O S G P，Órfão J J M，Portela D，et al. Ozonation of textile effluents and dye solutions under continuous operation：Influence of operating parameters. Journal of Hazardous Materials，2006，137（3）：1664-1673.

第 12 章 氯贝酸在 Cascade 反应器和传统鼓泡塔反应器中臭氧氧化效果的比较

为比较 Cascade 臭氧接触反应器与传统鼓泡塔臭氧接触反应器的运行性能以及对氯贝酸的降解效果，本章对传统鼓泡塔反应器中臭氧的传质和氯贝酸的臭氧化降解效率进行研究，并比较了相同运行条件下，Cascade 臭氧接触反应器和鼓泡塔反应器氯贝酸的臭氧化降解及经济性能。

12.1 实验材料与方法

实验材料与方法同 11.1 节部分。

12.2 实验装置与方案设计

12.2.1 实验装置

实验所用 Cascade 反应器装置流程同 11.2.1 小节部分（图 11.3）。

实验中所用鼓泡塔反应器，是将 Cascade 反应器内用以分割隔室的内环和外环移去，得到与 Cascade 反应器体积相同的传统鼓泡塔反应器。装置采用气、液同向流结构形式，废水由反应器底部进入，顶部侧向流出。臭氧扩散装置安装在底部，采用不锈钢线型微孔气体分布器，能产生直径 2～3 μm 的小气泡。进入反应器内的臭氧通过微孔分布器释放，与水接触并进行氧化。实验过程中，以一定的液体流速向反应器中通入含有氯贝酸的去离子水。纯氧经流量计进入臭氧发生器，产生的臭氧以一定的流速通入反应器，经气体分布器扩散与水样混合。在反应器顶部侧向出水口作为取样口，可在处理废水的过程中取样。在样品收集瓶中加入硫代硫酸钠终止氧化反应，消除干扰。尾气处理单元为含有 2% 的 KI 溶液收集瓶。所有接触的容器、管道均用聚氟乙烯、玻璃或含铬不锈钢等防腐蚀材质。实验装置主要由氧气瓶、臭氧发生器、鼓泡塔反应器、尾气处理单元等四部分组成。

12.2.2 实验方案设计

1. 停留时间分布测定

实验方法参见 11.2.2 小节部分。

根据测定结果，用式（11.1）～式（11.8）计算示踪剂的停留时间分布密度函数 $E(\theta)$、平均停留时间 t_m^2 和停留时间分布的散度 σ_θ^2。运用多釜全混流反应器串联模型，判断反应器内的返混程度，多釜全混流反应器串联模型实际上是将反应器看作是多个全混流反应器的串联组合，以反应器的串联级数 n 作为模型参数，n 的计算公式见式（11.9）。

2. 鼓泡塔反应器中臭氧的传质效果

采用连续流考察鼓泡塔反应器的臭氧传质效率，如图 12.1 所示，氧气从氧气瓶中进入臭氧发生器，在臭氧发生器中产生臭氧和氧气的混合气体。臭氧混合气体从反应器底部和去离子水同向流通入反应器中，按一定的时间间隔取样测水中臭氧浓度。气相中臭氧浓度通过在线紫外检测器（UV1200/2000，Shimadzu Co. Ltd）连续检测，水相中的溶解臭氧浓度用紫外分光光度法检测。当反应器中臭氧达到饱和时，关闭臭氧发生器，停止通入臭氧；并同时关闭反应器的进出水阀门，继续按一定时间间隔取样测水中臭氧浓度，取样时间总共 1 h。所有实验中，反应温度控制在 25℃，进入反应器的混合气体中臭氧浓度均控制在 10 g/Nm^3。

3. 鼓泡塔反应器中氯贝酸的降解效果

通过连续流实验，研究氯贝酸在 Cascade 反应器中的臭氧氧化降解效果。配制一定浓度的氯贝酸水样，以一定的流速通入反应器中，同时臭氧通过臭氧发生器产生后，以一定的流速从反应器底部通过气体分布器均匀分散到反应器中，与反应器中水溶液充分混合，发生氧化反应。按一定的时间间隔从反应器顶部出水口处取样，在取样瓶中加入一定量 0.5 mmol/L 的硫代硫酸钠溶液终止臭氧氧化反应。分别测定水样中的氯贝酸、TOC 浓度和臭氧浓度。为了研究氯贝酸的臭氧氧化反应动力学，氯贝酸的初始浓度高于实际环境水体中的浓度。本小节分别考察了氯贝酸初始浓度、溶液 pH、气体和液流速等对氯贝酸降解效果的影响。

4. Cascade 和鼓泡塔反应器中氯贝酸的降解效果比较研究

通过连续流实验，研究在相同运行条件下，氯贝酸在 Cascade 反应器和鼓泡塔反应器中的臭氧氧化降解效果。配制一定浓度的氯贝酸水样，以一定的流速通入反应器中，同时臭氧通过臭氧发生器产生后，以一定的流速从反应器底部通过气体分布器均匀分散到反应器中，与反应器中水溶液充分混合，发生氧化反应。按一定的时间间隔从反应器顶部出水口处取样，在取样瓶中加入一定量 0.5 mmol/L 的硫代硫酸钠溶液终止臭氧化反应。分别测定水样中的氯贝酸、TOC 浓度和臭氧浓度。反应时间为两个水力停留时间。

12.3　实验结果与讨论

12.3.1　停留时间分布测定

本实验分别考察了气体流速在 0.17 cm/s、0.27 cm/s 和 0.35 cm/s，液体流速分别在 0.07 cm/s、0.14 cm/s、0.21 cm/s 和 0.26 cm/s 等条件下，传统鼓泡塔反应器内停留时间的分布情况。实验中观察到，在设定的液体表观流速和气体表观流速条件下，在传统鼓泡塔反应器中，含有示踪剂的流体微元和反应器中流体微元迅速混合，示踪剂在系统内迅速扩散。与第 11 章中的 Cascade 反应器相比，由于传统鼓泡塔反应器内没有内部的循环过程，从而使一部分示踪剂很快从反应器出口流出。与 Cascade 反应器相比（表 11.1），整个实验过程中，示踪剂在鼓泡塔反应器中的停留时间比 Cascade 反应器中的长。表 12.1 列出了在不同气液表观流速条件下得到的鼓泡塔反应器内停留时间分布相应的统计特征值。由表 12.1 可以看出，传统鼓泡塔反应器模型参数 n 趋近于 1，返混程度很大。

表 12.1　不同气液表观流速下反应器多级全混流模型参数

v_l/(cm/s)	v_g/(cm/s)	t_m/min	σ_θ^2	n
	0.09	19.8	0.877	1.14
0.07	0.17	19.4	0.917	1.09
	0.27	19.1	0.971	1.03
	0.35	18.7	0.99	1.01
	0.09	6.83	0.893	1.12
0.21	0.17	6.55	0.943	1.06
	0.27	6.17	0.962	1.04

12.3.2　气体和液体流量对臭氧传质效果的影响

图 12.1 给出了气体和液体流量对鼓泡塔反应器中臭氧传质系数 K_La 的影响。与 Cascade 反应器中臭氧传质系数 K_La 随气液流速变化趋势相同。在本章所研究的传统鼓泡塔臭氧接触反应器中，也发现臭氧传质系数 K_La 随着液体流量的增加而增加，这是由于增大液体流速同样增大了流体湍动程度，系统内气液传质液膜减薄，传质阻力减小，从而提高了臭氧在液相中的传质系数。对于气体流量的影响，当气体流量在 50～200 L/h 范围内增加时，臭氧传质系数 K_La 随着气体流量的增加而增加，但是当气体流量继续增加至 250 L/h 时，臭氧传质系数 K_La 反而

下降，这里可能有两方面的原因：①进入溶液中的臭氧量随着气体流量的增加而增加，而且流速越大，气液混合度也越好；②臭氧量增多使得气液接触面积增大，气泡表面液膜与液相主体的传质阻力下降，故气体流速从 50 L/h 上升到 200 L/h 时，臭氧传质系数 K_La 也上升。然而，当气体流速继续上升，反应器中的气泡也明显增多，气泡间的聚合程度加大，使得臭氧在气液传质过程中的两相界面面积减少，增大了传质阻力，导致臭氧传质系数 K_La 降低；另外，虽然气速增大，臭氧产生量有一定的增加，但是增加的主要是氧气量，大量氧气会把臭氧带出水溶液，影响臭氧在水中的吸收，降低臭氧在液相中的传质。同时，从图中明显可以看到，传统鼓泡塔臭氧接触反应器中臭氧传质系数 K_La 始终低于 Cascade 反应器中的臭氧传质系数 K_La。这是因为 Cascade 反应器中，臭氧在反应器内停留时间延长，水中臭氧溶解量增加，使得气液接触界面面积增大，气泡表面液膜与液相主体的传质阻力下降，从而在 Cascade 反应器中有较高的臭氧传质系数。有研究表明，Cascade 反应器中的隔板增强了气泡的形成，同时有利于气泡表面的受力不均而破碎粒径较小的气泡，有利于臭氧在水中的吸收，从而有利于臭氧在水中的传质。另外，在 Casccade 反应器中，气液接触路径较长，导致较长的气液接触时间，从而有利于臭氧在水中的传质[1]。

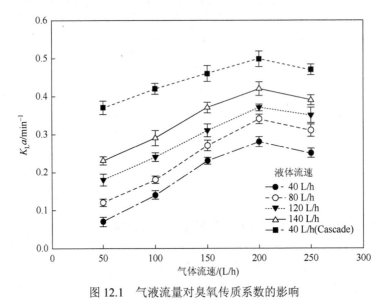

图 12.1　气液流量对臭氧传质系数的影响

12.3.3　传统鼓泡塔反应器中氯贝酸臭氧氧化影响因素研究

1. 氯贝酸初始浓度对降解效果的影响

臭氧氧化有机物的研究表明，有机物初始浓度的增加会影响有机物的去除效

率。本实验考察了氯贝酸初始浓度在 2 mg/L、4 mg/L、6 mg/L、8 mg/L、10 mg/L
时，反应器达到稳态条件下，氯贝酸的臭氧氧化去除效果。实验操作条件为：气
相臭氧浓度为 10 g/Nm³、气体流速为 150 L/h、液体流速为 40 L/h。实验结果如
图 12.2 所示，氯贝酸和 TOC 的去除率随着氯贝酸初始浓度的增加而降低。氯贝
酸初始浓度为 2 mg/L 时，氯贝酸和 TOC 的去除率分别为 49.8%和 27.5%。当氯贝
酸浓度增加到 10 mg/L 时，只有 28.3%的氯贝酸和 8.7%的 TOC 被降解。这是因为，
pH 是污染物臭氧氧化的一个重要影响因素，氯贝酸溶液为酸性，初始浓度越大，
液相的初始 pH 也越低，并且在反应过程中，氯贝酸初始浓度较高时，臭氧氧化
产生的氯贝酸的中间产物浓度也越高，这些中间产物与氯贝酸发生竞争反应而消
耗臭氧，导致对氯贝酸的降解效果降低。因此，反应器进水中氯贝酸初始浓度越
高去除率越低。

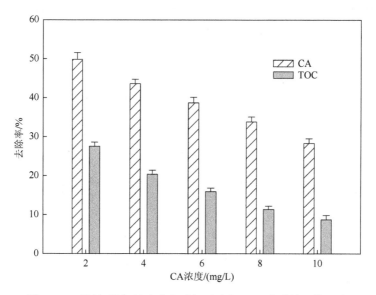

图 12.2　不同初始氯贝酸浓度对氯贝酸和 TOC 去除效果的影响

[CA]$_0$=2 mg/L，Q_g=150 L/h，Q_L=40 L/h，[O$_3$]$_{g.in}$=10 g/Nm³

2. 气体流量对氯贝酸去除效果的影响

臭氧与氯贝酸溶液的反应是一个气液两相反应，一般情况下，臭氧从气相向
液相的传递为液膜控制过程，液相传质系数随气体流量的增大而增大，因此增大
气流量将有利于臭氧向液相的传递，从而加快氯贝酸的降解。本实验考察了气体
流量在 50 L/h、100 L/h、150 L/h、200 L/h、250 L/h 时，反应器达到稳态条件下
氯贝酸的去除效果。实验操作条件为：氯贝酸初始浓度为 2 mg/L、气相臭氧浓度
为 10 g/Nm³、液相流量为 40 L/h、初始 pH=7。实验结果如图 12.3 所示，提高气

体流量，有利于氯贝酸和 TOC 的去除效果。当气体流量为 50 L/h 时，氯贝酸的去除率为 28.7%，TOC 的去除率为 12.9%；当气体流量增加到 150/h 时，氯贝酸的去除率达到 50.1%，TOC 的去除率达到 26.5%。但是当气流量继续增加时，氯贝酸和 TOC 的去除率增加幅度不明显，基本趋于常数。在实际反应中最佳气体流量为 150 L/h。其主要原因是臭氧氧化过程中，臭氧向液相的传质过程由液膜控制，随着气速的增加，增加了臭氧由气相向液相传质的气液有效界面面积，从而增大了臭氧的传质系数，加快了水中臭氧的溶解吸收。故气体流速从 50 L/h 上升到 150 L/h，氯贝酸和 TOC 的去除率随着气体流量的增加而增加。气体流速过大，导致反应器内气泡变大、气泡停留时间变短、气泡扰动加剧、气泡的聚合现象增多、气液界面积减小，这些会对臭氧传质效果产生负面影响，减少进入水中的臭氧量。同时，气体流速过大也会将臭氧带出溶液，降低水中的溶解臭氧。因此再加大进气流量，不但不会提高处理效果还会增加运行成本。在搅拌釜反应器中臭氧降解有机物的研究中，也发现了类似的结果[2]。

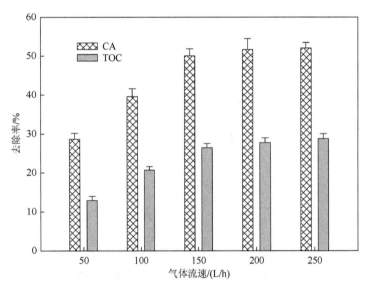

图 12.3　气体流量对氯贝酸和 TOC 去除效果的影响

$[CA]_0=2$ mg/L，$Q_L=40$ L/h，pH=7，$[O_3]_{g,in}=10$ g/Nm^3

3. 液体流量对氯贝酸降解效果的影响

本实验考察了液体流量在 40 L/h、60 L/h、80 L/h、100 L/h、120 L/h 时，反应器达到稳态条件下，氯贝酸的去除效果。实验操作条件为：氯贝酸初始浓度为 2 mg/L、气相臭氧浓度为 10 g/Nm^3、气体流量为 150 L/h、初始 pH=7。实验结果如图 12.4 所示，氯贝酸和 TOC 的去除率随着液体流速的增加而降低，这一现象与 Cascade 反应器类似。当液体流量为 40 L/h 时，氯贝酸的去除率为 50.8%，TOC 的去除率为 26.5%；当液体流量增加到 120 L/h 时，氯贝酸的去除率降低至 28.9%，TOC 的去除率降低至 11.7%。一般来讲，在气液接触反应器中，提高液体流速可以使液膜厚度变薄，降低臭氧向液相传递的传质阻力，从而增大臭氧在液相中的传质系数。但是在提高液体流量的同时，使反应器水力停留时间降低，使反应器内氯贝酸溶液和臭氧的接触时间变短，从而降低了氯贝酸和 TOC 的去除效果。

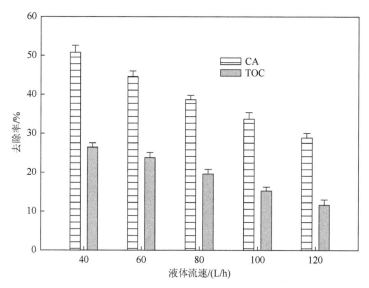

图 12.4　液体流量对氯贝酸和 TOC 去除效果的影响

$[CA]_0=2$ mg/L，$Q_g=150$ L/h，pH=7，$[O_3]_{g.in}=10$ g/Nm^3

4. pH 对氯贝酸去除效果的影响

本实验考察了不同进水 pH 条件下，传统鼓泡塔反应器中氯贝酸的臭氧氧化去除效果。实验操作条件为：氯贝酸初始浓度为 2 mg/L、气相臭氧浓度为 10 g/Nm^3、气体流量为 150 L/h、液体流量为 40 L/h。不同进水 pH 条件下，反应器达到稳态后，氯贝酸和 TOC 的去除效果如图 12.5 所示。由图可以看出，进水 pH 为 2 时，氯贝酸的去除率只有 24.9%，TOC 的去除率为 0。当进水 pH 增大到 10 时，氯贝酸的去除率为 53.6%，TOC 的去除率为 33.1%。氯贝酸和 TOC 的去除率随着进水初始 pH 的增加而增加。这是由于在低 pH 时，臭氧在水中分解不够彻底，没有产生足够的羟基自由基，主要发生臭氧直接氧化作用，因此去除效果较低；随着 pH 升高，羟基自由基产量在逐渐增加，大部分臭氧被分解为活性强烈的羟基自由基，羟基自由基与氯贝酸的反应成为主导因素，因此整个反应过程的反应速度有较大的提升，提高了氯贝酸的去除效果。同时羟基自由基的存在，使氯贝酸的中间产物也被进一步氧化降解，提高了系统中 TOC 的去除效果。

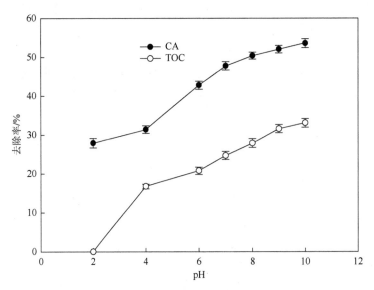

图 12.5　进水 pH 对氯贝酸和 TOC 去除效果的影响

[CA]$_0$=2 mg/L，Q_g=150 L/h，Q_L=40 L/h，[O$_3$]$_{g.in}$=10 g/Nm^3

12.3.4　Cascade 和传统鼓泡塔反应器中臭氧降解氯贝酸效果比较

　　为比较传统鼓泡塔和 Cascade 臭氧反应器对氯贝酸的去除效果，在相同操作条件下，分别对传统鼓泡塔和 Cascade 臭氧反应器降解氯贝酸进行了研究。实验操作条件为：氯贝酸初始浓度为 2 mg/L、气相臭氧浓度为 10 g/Nm^3、气体流速为 150 L/h、液体流速为 40 L/h、初始 pH=7。图 12.6 给出了 Cascade 和鼓泡塔反应器中氯贝酸和 TOC 的去除效果及臭氧利用率。由图可以看出，相同实验条件下，氯贝酸在 Cascade 反应器中的去除率为 85.6%，TOC 的去除率为 44.9%；传统鼓泡塔反应器中氯贝酸的去除率为 51.7%，TOC 的去除率为 27.8%。氯贝酸在 Cascade反应器中的去除率明显高于传统鼓泡塔反应器中的去除。主要原因是 Cascade反应器中具有较高的臭氧传质速率，同时 Cascade 反应器中，臭氧具有较长的停留时间，反应器水溶液中有较高的溶解臭氧量；同时由表 11.1（见第 11 章）和表 12.1 可以看出，Cascade 反应器中的平均水力停留时间大于传统鼓泡塔反应器的平均水力停留时间，氯贝酸在 Cascade 反应器中的停留时间延长，增加了氯贝酸溶液和臭氧的接触时间，从而使更多的氯贝酸被氧化降解。另外，从反应器的混合性能角度来看，Cascade 反应器具有完全混合反应器和推流反应器的特点，返混程度较小，反应器内具有较高的臭氧氧化速率；而传统鼓泡塔反应器内处于全混状态，反应器内臭氧氧化速率较低。从图中两种反应器的臭氧利用率也可以说明这一点问题，由图可知，在相同操作条件下，Cascade 反应器中臭氧的利用率为77.2%，而传统鼓泡塔反应器中臭氧的利用率只有 54.3%。与传统鼓泡塔反应器相比，Cascade 反应器中臭氧利用率提高了 22.9%。在鼓泡塔反应器中约一半的臭氧量通过尾气排放掉，一方面浪费臭氧资源，另一方面增加了尾气处理成本。

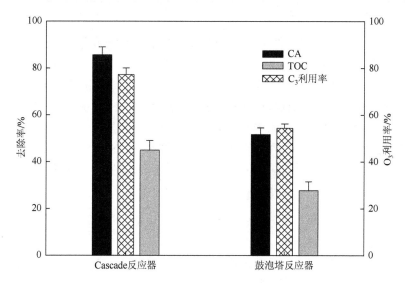

图 12.6　Cascade 和鼓泡塔反应器中氯贝酸和 TOC 的去除效果及臭氧利用率

$[CA]_0=2$ mg/L，$Q_g=150$ L/h，$Q_L=40$ L/h，pH=7，$[O_3]_{g,in}=10$ g/Nm^3

12.3.5　经济性评价

评价一个工艺的好坏不能仅凭其处理效能高低，还要对其进行经济分析，如果处理费用很高，即使其处理效果再好，我们也无法将它应用在实际工程中。一般常用的工艺要求既方便高效又经济实用，也就是"物美价廉"。臭氧氧化工艺作为一种新型的污水深度处理工艺，进行技术经济分析也是其应用的前提。本小节对两种不同反应器在相同运行条件下，臭氧降解氯贝酸做了简要的技术经济分析。以单位电能消耗量（EE/O）作为技术经济评价指标，EE/O 的计算公式见式（12.1）[3]。表 12.2 给出了相同运行条件下，Cascade 反应器和传统鼓泡塔反应器的 EE/O 值。

$$EE/O(kW \cdot h/m^3) = \frac{P \times 1000}{Q \times \lg \dfrac{C_{in}}{C_{out}}} \tag{12.1}$$

式中，P 为臭氧发生器的电功率，kW；Q 为反应器处理水量，L/h；C_{in} 为反应器进水中氯贝酸浓度，mg/L；C_{out} 为反应器出水中氯贝酸浓度，mg/L。

表 12.2 Cascade 和传统鼓泡塔反应器处理氯贝酸的 EE/O 值

反应器	Q/(L/h)	C_{in}/(mg/L)	C_{out}/(mg/L)	（EE/O）/(kW·h/m³)
Cascade 反应器	40	2	0.34	1.95
传统鼓泡塔反应器	40	2	0.96	4.7

注：Q_g=200 L/h，pH=7，$[O_3]_{g.in}$=10 g/Nm³。

见表 12.2，相同运行条件下，Cascade 臭氧接触反应器和鼓泡塔臭氧接触反应器处理氯贝酸的 EE/O 分别为 1.95 kW·h/m³ 和 4.7 kW·h/m³。采用 Cascade 臭氧接触反应器处理氯贝酸时大大降低了 EE/O 值，提高了臭氧的利用率，节约了能耗，Cascade 臭氧接触反应器处理氯贝酸提高了经济性。实验为中试实验，处理水量较小，大规模实际应用中处理成本还会降低。随着经济的发展与社会的进步，污水回用指标越来越严格，臭氧氧化工艺正符合这种时代的潮流，要进一步摸索其运行规律及机理，完全掌握它的工艺特性，尽快将其投入实际应用中，为去除水体中痕量药物提供一种现实可行高效的手段。

12.4 小 结

（1）通过对传统鼓泡塔反应器内液体停留时间分布的测定，传统鼓泡塔反应器模型参数 n 趋近于 1，返混程度较大。

（2）与 Cascade 反应器中臭氧传质系数 K_La 随气液流速变化趋势相同。在本章的传统鼓泡塔臭氧接触反应器中，也发现臭氧传质系数 K_La 随着液体流量的增加而增加。对于气体流量的影响，当气体流量在 50～200 L/h 范围内增加时，臭氧传质系数 K_La 随着气体流量的增加而增加，但是当气体流量继续增加至 250 L/h 时，臭氧传质系数 K_La 反而下降，原因是气速过大，造成气泡间的聚合程度加大，使得臭氧在气液传质过程中的两相界面面积减少，增大了传质阻力，导致臭氧传质系数 K_La 降低；同时气速过大时，大量氧气也会将臭氧带出水溶液，影响臭氧在水中的吸收，降低臭氧在液相中的传质。

（3）传统鼓泡塔臭氧接触反应器中臭氧传质系数 K_La 始终低于 Cascade 反应器中的臭氧传质系数 K_La。这是因为 Cascade 反应器中，臭氧在反应器内停留时间延长，水中臭氧溶解量增加，气液接触界面面积增大，气泡表面液膜与液相主体的传质阻力下降；另外，Cascade 反应器中的隔板增强了气泡的形成，同时有利于气泡表面的受力不均而破碎粒径较小的气泡，有利于臭氧在水中的吸收，从而有利于臭氧在水中的传质。

（4）传统鼓泡塔反应器臭氧氧化降解氯贝酸的研究结果表明，氯贝酸的去除率受进水中氯贝酸浓度、气体和液体流量的影响。氯贝酸和 TOC 的去除率随着进水氯贝酸浓度的增加而降低。提高气体流量有利于臭氧向液相的传递，从而加快氯贝酸的降解。但是当气体流量继续增加时，氯贝酸和 TOC 的去除率增加幅度不明显，基本趋于常数。液体流量的增加，使反应器中水力停留时间降低，从而降低了氯贝酸和 TOC 的去除效果。

（5）随着进水 pH 的升高，反应器溶液内羟基自由基产量逐渐增加，使整个反应过程的反应速度有较大的提升，提高了氯贝酸的去除效果。同时羟基自由基的存在，使氯贝酸的中间产物也被进一步氧化降解，提高了系统中 TOC 的去除效果。

（6）相同操作条件下，氯贝酸在 Cascade 反应器中的去除率为 85.6%，TOC 的去除率为 44.9%；传统鼓泡塔反应器中氯贝酸的去除率为 37.7%，TOC 的去除率为 17.8%。氯贝酸在 Cascade 反应器中的去除率明显高于传统鼓泡塔反应器中的去除率。

（7）在相同操作条件下，Cascade 反应器中臭氧的利用率为 77.2%，而传统鼓泡塔反应器中臭氧的利用率只有 47.3%。与传统鼓泡塔反应器相比，Cascade 反应器中臭氧利用率提高了 29.9%。在鼓泡塔反应器中将近一半的臭氧量通过尾气排放掉，一方面浪费臭氧资源，另一方面增加了尾气处理成本。

（8）由技术经济分析可知，相同运行条件下，Cascade 臭氧接触反应器处理氯贝酸的 EE/O 值为 1.95 kW·h/m^3，传统鼓泡塔臭氧接触反应器处理氯贝酸的 EE/O 值为 4.7 kW·h/m^3。Cascade 臭氧接触反应器大大提高了臭氧的利用率，节约了能耗，进一步表明了 Cascade 臭氧接触反应器具有较高的经济性。实验为中试实验，处理水量较小，大规模实际应用中处理成本还会降低。因此 Cascade 臭氧接触反应器在去除水中难生物降解的药物残余方面具有良好的工程应用前景。

参 考 文 献

[1]　Nakao K，Takeuchi H，Kataoka H，et al. Mass transfer characteristics of bubble columns in recirculation flow regime. Industrial and Engineering Chemistry Process Design and Development，1983，22（4）：577-582.

[2]　Garoma T，Matsumoto S. Ozonation of aqueous solution containing bisphenol A: Effect of operational parameters. Journal of Hazardous Materials，2009，167（1-3）：1185-1191.

[3]　Kestioglu K，Yonar T，Azbar N. Feasibility of physico-chemical treatment and advanced oxidation processes （AOPs）as a means of pretreatment of olive mill effluent（OME）. Process Biochemistry，2005，40（7）：2409-2416.

第13章 分子印迹技术去除水体中的 卡马西平和氯贝酸

由于污水常规处理工艺中这些化合物不能被完全去除，出水通常被认为是这些物质在环境中迁移的一种重要的载体[1-3]。由于药物会源源不断地释放到环境介质中，进而形成对人体或其他生物的持续暴露，其性质类似于持久性污染物。一些化合物如卡马西平（CBZ）、氯贝酸等对生物降解表现出了很好的持久性和顽固性[4,5]。卡马西平和氯贝酸是水体中检出频率最高的两种物质。已有报道不同水体中卡马西平的赋存浓度（污水高达 6.3 μg/L、地表水高达 1.1 μg/L、地下水 610 ng/L、饮用水 30 ng/L）[1,6-8]。Ternes[1]在德国污水处理厂出水中检测到了 CA 浓度高达 1.6 μg/L。Boyd 等[9]报道了底特律河也是饮用水水源地，其中 CA 的浓度高达 103 ng/L。在柏林的地下水中也检测到了 CA，浓度高达 7300 ng/L[10]并且有评估该类物质在环境中的持久性可长达 20 年[11]。基于 CBZ 和 CA 在不同水体中迁移的稳定性和不可生物降解性，这两类物质常被作为高环境相关性物质[12]。

研究已表明，对水体中污染物的去除，分子印迹选择性吸附是一种既高效又经济的方式[13-16]，但目前有关 MIP 分离 CBZ 的研究文献有限[17-19]，并且还没有 MIP 分离 CA 的相关研究。而且，以上提到的 MIP 均是针对单模板分子的，对多种化合物共存的体系不能体现很高的选择性。尽管一些研究人员报道了用不止一种化合物作为模板物质，这些聚合物用的都是同系物[20,21]。因此，本章通过非共价方式合成了一种新型的双模板 MIP，以实现同时从水系统中去除 CBZ 和 CA。

13.1 实验材料与方法

13.1.1 药品与试剂

氯贝酸（CA）和卡马西平（CBZ）均购自 Sigma 公司，甲醇、乙腈为 HPLC 级（Tedia Company, Inc. USA），甲基丙烯酸（MAA）、二乙烯基苯 80（DVB-80）、偶氮二异丁腈（AIBN）、甲苯均购自 Sigma 公司（Steinheim，德国），乙酸和甲酸购自 Merck 公司（Darmstadt，德国）。AIBN 在使用之前要在甲醇中重结晶。表 13.1 给出了两种目标物的物化性质。

CA（2 g/L）和 CBZ（2 g/L）的标准储备液分别配制在甲醇/水 [1∶1（体积比）] 的混合液中和 Millipore 水中，并储备在棕色容量瓶中，置于冰箱中 4℃保存备用。取一定量标准储备溶液，用对应的配制溶剂分别稀释至不同浓度的混合标准工作液，置于冰箱中 4℃保存，工作液每周更换一次。

表 13.1　试剂的物化性质

物质	卡马西平	氯贝酸
分子式	$C_{15}H_{12}N_2O$	$C_{10}H_{11}ClO_3$
药物分类	抗癫痫类	降血脂药
分子量	236.27	214.5
结构式		

13.1.2　主要设备及分析方法

TESCAN TES5136MM 扫描电子显微镜（Tescan，Chech），JEOL JEM2001 透射电子显微镜（JEOL，Japan），ASAP 2020 加速表面积和孔隙度计分析仪（Micromeritics Instrument Corporation，Norcross，GA）。

液相色谱分析在安捷伦 1200 高效液相色谱仪（Agilent Technologies，USA）上完成。包括 G1329A 自动取样器、G1311A 四极杆泵、G1322A 脱气机、G1314B 可变波长检测器（VWD）、G1316A 柱温箱。DFC 的紫外检测波长为 272 nm，柱温 30℃。选用 Gemini-NX C_{18} 柱（250 mm×4.6 mm i.d.，5 μm）作为分离柱。流动相采用等梯度洗脱，流速 1.0 mL/min，流动相组成包括 60%的甲醇/乙腈 [1∶1（体积比），0.1%乙酸] 混合液，40%的 Milllpore 水（0.1%磷酸）。进样量为 20 μL，进样前样品经 0.45 μm 微孔滤膜过滤。CBZ 和 DFC 的量限测定采用外标法，浓度线性范围在 0.1～1.0 mg/L，相关系数 R^2 为 0.9997。CBZ 和 DFC 的定量检测限（limit of quantitation，LOQ）为 0.1 mg/L，方法检测限（method detection limit，MDL）为 0.1 μg/L。

13.1.3　分子印迹聚合物的制备

准确称取 150 mg CBZ 和 150 mg CA，将它们和 0.270 mL（2.56 mmol）功能模板（2-乙烯基吡啶，2-VP），用 60 mL 甲苯（致孔剂）溶解于 250 mL 具塞螺口玻璃瓶中，使模板分子和功能单体充分作用，然后加入 2.62 mL（13.88 mmol）交联剂 EGDMA 和 40.0 mg（0.24 mmol）的引发剂 AIBN。在冰浴的条件下向混合液中通氮气 5 min 除去溶解的氧气，然后在密封移入 60℃恒温水浴锅，在搅拌的条件下热聚合。24 h 后离心收集生成溶液中的 MIP 颗粒，用甲醇与乙酸的混合溶液［9∶1（体积比）］索氏提取 20 min 除去模板分子，该程序重复数次。直到滤出液中检测不到模板分子。然后，将得到的 MIP 颗粒再超声 3 次，每次 10 min，以去除残留的乙酸、甲醇。最后将得到的 MIP 在 60℃的温度下真空干燥待用。作为对比实验，除不加印迹分子（DFC）以外，非印迹聚合物的合成步骤同上。

13.1.4　静态吸附实验

准确称取 5 mg MIP 和 NIP 若干份，置于 10 mL 具塞锥形瓶中，分别加入 50～1000 mg/L CA 和 CBZ 混合水溶液 3 mL，于恒温振荡器中静态吸附 2 h，将样品溶液离心分离并用 5 mL 注射器下接微孔滤膜（$\Phi=0.3\ \mu m$）过滤，然后用 HPLC 测量平衡吸附液中 CA 的自由浓度，吸附容量（Q）通过初始浓度和平衡时的自由浓度的差值计算。

为了研究聚合物的结合动力学性质，将 5 mg MIP 和 NIP 分别装入 10 mL 的具塞锥形瓶中，然后分别加入 3 mL 浓度为 100 mg/L 的 CA 和 CBZ 混合水溶液。封好后置于 25℃恒温振荡器中，转速设置为 100 r/min，静态吸附不同的时间。然后取出锥形瓶，先用 5 mL 注射器下接微孔滤膜（$\Phi=0.3\ \mu m$）过滤，取滤液进样 HPLC 检测，实验重复 3 次。

13.1.5　MIP 的选择性

分别称取 5 mg MIP 和 NIP 若干份，装入 10 mL 具塞玻璃瓶中，然后分别加入 0.5 mmol/L 的 CBZ、CA、OCBZ 和 DFC。同时，称取 5 mg MIP 和 NIP 分别置于 5 mL 的具塞玻璃瓶中，然后分别加入 5 mL 0.5 mmol/L 的 CBZ、CA、OCBZ 和 DFC 的混合液。为进步确定 MIP 的选择性，称取 5 mg MIP、NIP、粉末活性炭（PAC）和 C_{18} 分别置于 5 mL 的具塞玻璃瓶中，并分别加入 5 mL 0.5 mmol/L 的 CBZ、CA、OCBZ 和 DFC 的混合液。封好后于 25℃恒温振荡器上以 100 r/min 的速度振荡 2 h，然后定时取出反应瓶，用 5 mL 注射器下接微孔滤膜（$\Phi=0.3\ \mu m$）过滤，用 HPLC 来测量溶液浓度变化并计算吸附量。为确保实验的准确度和精确度，所有实验重复 3 次。

13.1.6　MIP 去除实际水体中的 CBZ 和 CA

地表水水样取自淀山湖和黄浦江，将地表水水样用去离子水稀释得到一系列水样，地表水样和自来水样中 CA 和 CBZ 混合加标浓度为 0.5 mmol/L。将 3.0 mL 水样分别置于含有 5 mg MIP 的 10 mL 具塞玻璃瓶中，封好后于 25℃恒温振荡器上以 100 r/min 的速度振荡 2 h，然后定时取出反应瓶，用 5 mL 注射器下接微孔滤膜（Φ=0.3 μm）过滤，用 HPLC 来测量溶液浓度变化并计算吸附量。为确保实验的准确度和精确度，所有实验重复 3 次。

13.1.7　MIP 的再生回用

称取 5 mg MIP，每次重复使用之前在甲醇/乙酸 ［9∶1（体积比）］ 混合液中超声萃取数次，直到滤液中检测不到 CA 和 CBZ 为止，然后再用甲醇淋洗，真空干燥，进行 MIP 的回用研究。

13.2　结果与讨论

13.2.1　MIP 的表面形态表征

与单一模板分子印迹聚合物不同，双模板分子印迹聚合物洗脱出两种模板后，在其表面可形成多种不同尺寸的吸附位点。所得到的双模板分子印迹聚合物的扫描电镜和透射电镜如图 13.1 所示，比表面积和孔结构数据见表 13.2。由表 13.2 可知，MIP 与 NIP 的平均孔径分别为 8.1 nm 和 4.2 nm，均属于中孔的直径范围（2 nm＜d＜50 nm）。MIP 与 NIP 的孔径和孔容没有明显差异，因此，可以得出 MIP 和 NIP 吸附性能的差异可能与聚合物的表面形态特征相关不大，而是取决于印迹效应[22]。

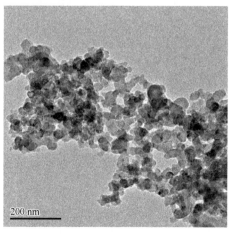

2 μm
(a)

200 nm
(b)

图 13.1　MIP 的 SEM 图（a）和 TEM 图（b）

表 13.2　MIP 和 NIP 的孔结构特征

样品	比表面积/(m²/g)	总孔体积/(cm³/g)	平均孔径/nm
MIP	136.3	0.205	5.04
NIP	144.2	0.181	6.01

13.2.2　MIP 吸附性能评价

1. 吸附等温线

图 13.2 是双模板 MIP、NIP 对 CA 和 CBZ 的吸附等温线。由图 13.2 可知，双模板 MIP 和 NIP 对 CA 和 CBZ 的吸附量都随混合液浓度的增加而增加，且随着二者初始浓度的不断增加吸附量逐渐趋于饱和。相比之下，整个吸附过程中 MIP 对两种目标物的吸附量远高于 NIP，主要是由于印迹后模板分子能在基材上留下与其形状互补的孔穴，有利于聚合物与模板结合，因此其吸附容量高。将吸附等温线用 Langmuir 和 Freundlich 方程模拟[23, 24]，其方程分别为

$$Q_e = \frac{K_L Q_m C_e}{1 + K_L C_e} \tag{13.1}$$

$$Q_e = K_F C_e^{1/n} \tag{13.2}$$

式中，C_e 为每种目标药物的平衡浓度，mg/L；Q_e 为平衡吸附量，mg/g；Q_m 为最大吸附量，mg/g；n 为线性指数。

由图 13.2 和表 13.3 可知，吸附过程更加符合 Freundlich 模型，说明 MIP 与 NIP 对模板分子的吸附为非均一吸附过程[25]。MIP 对 CBZ 和 CA 的 Freundlich 系数 K_F 均高于 NIP，表明了 MIP 对其模板分子 CBZ 和 CA 的强的选择性。

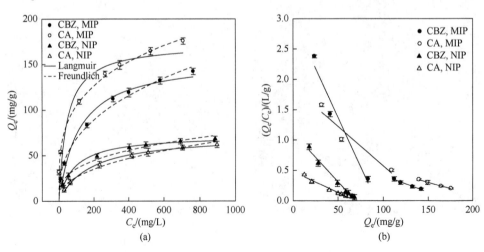

图 13.2　吸附等温线（a）和 Scatchard 曲线（b）

表 13.3　MIP 和 NIP 的吸附等温线常数

等温吸附模型	常量	MIP		NIP	
		CBZ	CA	CBZ	CA
Langmuir 方程	Q_m/(mg/g)	156.7	172.9	72.4	74.5
	K_L/(L/mg)	0.0087	0.022	0.0118	0.0035
	R^2	0.9754	0.8889	0.9865	0.9952
Freundlich 方程	K_F/(mg/g)	12.02	29.9	8.18	3.97
	n^{-1}	0.38	0.27	0.32	0.41
	R^2	0.9905	0.9443	0.9777	0.9814

最大键合量（Q_{max}）和解吸系数（K_d）通过 Scatchard 方程计算，Scatchard 方程如下[26]

$$\frac{Q_e}{C_e} = \frac{Q_{max} - Q_e}{K_d} \qquad (13.3)$$

式中，Q_{max} 为单位干重 MIP 吸附酸性药物的组大质量，mg/g；K_d 为吸附位点的平衡解离系数。

由图 13.2（b）可以看出，在 Scatchard 图中，对于 MIP，Q/C_{free} 对 Q 明显呈非线性关系，但是图中的两个部分却可以呈现较好的线性关系，表明了印迹聚合物 MIP 与模板分子 CA 和 CBZ 的结合存在两类非等价的结合位点，一类为特异性结合位点（高亲和力），另一类为非特异性结合位点（低亲和力）[25]。两类结合位点产生的原因可能是在聚合前或聚合期间的反应混合物溶液中，功能单体与印迹分子之间存在多种相互作用，可以形成两类不同组成的复合物，在聚合反应不同的时期均能够进入空穴当中，因此在印迹聚合物中形成两类不同性质的特异性空穴[27, 28]。而 NIP 对 CBZ 和 CA 的 Scatchard 曲线均呈现较好的线性关系，表明 NIP 的结合点是均一的。

2. 吸附动力学

研究分子印迹吸附动力学的一个重要手段是测定其动力学吸附曲线，它反映了吸附容量 Q（这里定义为某一时刻的吸附量）随着时间 t 的变化关系。图 13.3 为 MIP 与 NIP 的吸附动力学曲线。由图 13.3（a）可以看出，MIP 和 NIP 表现出了快速吸附特点 15 min 后，吸附基本达到平衡。与此同时，NIP 的吸附量低于 MIP，说明 MIP 对 CBZ 和 CA 具有较好的印迹效果。短的吸附平衡时间表明了 MIP 用于受污染水体中对污染物的去除潜能。

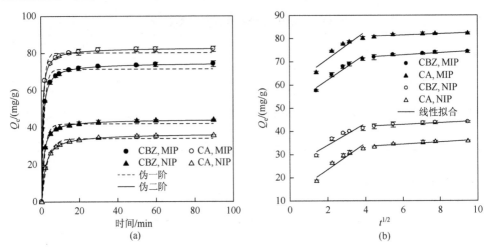

图 13.3　MIP 和 NIP 对 CBZ 和 CA 的吸附动力学（a）和内部扩散模型（b）

　　为了进一步理解 MIP 的吸附动力学过程，采用伪一阶动力学与伪二阶动力学模型探讨 MIP 的吸附机理[29, 30]，其公式分别为

$$\ln(Q_e - Q_t) = \ln Q_e - k_1 t \tag{13.4}$$

$$\frac{t}{Q_t} = \frac{1}{k_2 Q_e^2} + \frac{t}{Q} = \frac{1}{v_0} + \frac{t}{Q_e} \tag{13.5}$$

式中，Q_e 为平衡吸附量，mg/g；Q_t 为时间 t 时的吸附量，mg/g；t 为时间，min；k_1 和 k_2 分别为伪一阶动力学和伪二阶动力学方程常数，min^{-1} 和 g/(mg·min)；v_0 为初始反应速率，mg/(g·min)。

　　表 13.4 给出了动力学方程拟合结果。由图 13.3（a）和表 13.4 可知，根据相关系数，MIP 与 NIP 对 CBZ 的吸附更加符合伪二级动力学方程，表明 MIP 或 NIP 对 CA 和 CBZ 的吸附主要是化学吸附，吸附容量的大小由吸附剂表面的有效吸附

表 13.4　伪一阶动力学和伪二阶动力学方程常数

动力学模型	常量	MIP		NIP	
		CBZ	CA	CBZ	CA
伪一阶动力学	Q_e/(mg/g)	71.5	80.2	41.98	34.1
	k_1/min^{-1}	0.6576	0.8115	0.541	0.3133
	R^2	0.9091	0.9101	0.9149	0.9567
伪二阶动力学	Q_e/(mg/g)	74.6	82.6	44.2	36.6
	k_2/[g/(mg·min)]	0.0173	0.0225	0.0221	0.0141
	v_0/[mg/(g·min)]	96.2	153.8	43.1	18.8
	R^2	0.9993	0.9995	0.9991	0.9998

位点的多少决定[31]。与此同时，MIP 的初始吸附速率高于 NIP。通常分子印迹聚合物对模板分子的吸附过程可分为如下阶段：首先模板分子运动到聚合物附近，然后在多孔颗粒表面分散，其次是聚合物对其附近模板分子进行吸附[32]。由于伪二级动力学模型无法确定分散机制，本小节采用粒子内传质模型进行模拟，其方程如下

$$Q_t = k_i t^{1/2} \tag{13.6}$$

式中，k_i 为粒子内部扩散速率常数，$\mu mol/(g/min^{1/2})$。

由图 13.3（b）可知，MMIP 与 MNIP 的 Q_t 对 $t^{1/2}$ 明显呈非线性关系，表明 MIP 与 NIP 对 CBZ 的吸附速率可能不受内部传质的影响。

13.2.3　MIP 的吸附选择性

本小节中，合成的 MIP 包括两种键合类型，每种键合类型对 CBZ 或 CA 具有特异识别性，这就是所谓的双模板分子印迹聚合物。为了进一步研究双模板 MIP 吸附材料的选择性吸附特性，将合成的 MIP 对 CBZ 和 CA 的吸附与该 MIP 对 DFC 和 OCBZ 的吸附进行了对比，由于 DFC 和 OCBZ 也是普遍存在于环境水体中，且这两种物质在一定程度上和 CBZ、CA 有着相似的化学结构，所以这里将 DFC 和 OCBZ 作为 CBZ 和 CA 专性吸附的潜在干扰物质[4]。在同样的条件下，开展了针对每种吸附剂的吸附实验，结果如图 13.4（a）所示。从图中可以看出，相对于 DFC 和 OCBZ，MIP 对 CBZ 和 CA 表现出了很高的吸附效率，从而表明 MIP 对模板分子表现出较高的吸附选择性。通过比较 MIP 对目标物吸附效率，得出 MIP 对 CBZ 和 CA 的特异选择性，但对 DFC 和 OCBZ 却表现出了非专性。由于 MIP 和 NIP 对 DFC 和 OCBZ 有着同样的去除率，因此 MIP 吸附材料 DFC 和 OCBZ 几乎没有印迹特性。DFC 和 CBZ 及 CA 有相同之处，即 DFC、CBZ 和 CA 均含有苯环和羧基，但这些官能团的分布不同，这些差异极大地影响着识别特性和去除效果。尽管 OCBZ 和 CBZ 除了羧基基团之外有着几乎同样的分子结构，但本小节合成的 MIP 对 OCBZ 的吸附容量远低于对 CBZ 的吸附容量，由此证明由官能团的形状弥补产生的专性识别在吸附过程中起着非常重要的角色[33]。显而易见，MIP 的识别特性不仅取决于分子尺寸，也和官能团的分布有着很大的关系。

为了进一步研究 CBZ 和 CA 的吸附选择性，OCBZ 和 DFC 分别加入 CBZ 和 CA 的混合液中，以研究对 CBZ 和 CA 的影响。结果如图 13.4（b）所示。从图 13.4（b）可以看出，在 OCBZ 和 DFC 存在的情况下，MIP 对 CBZ 和 CA 仍表现出了很高的吸附效率。尽管在 OCBZ 和 DFC 存在的条件下，MIP 对 CBZ 和 CA 的吸附有一定程度的降低，但 MIP 与 NIP 对 CBZ 和 CA 吸附的差异更为明显，由此也表明了 MIP 的高选择特性。结果也表明，竞争污染物在 MIP 上的吸附效率

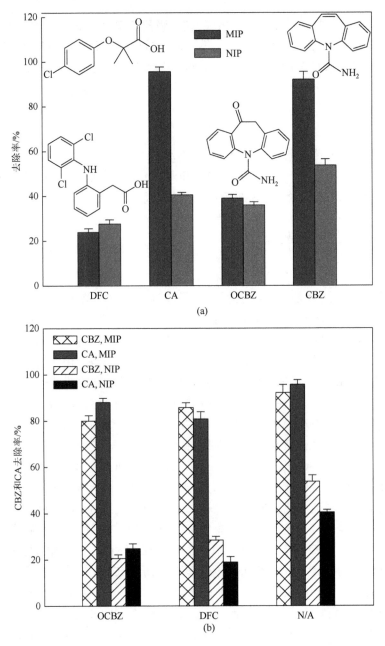

图 13.4　单一溶液（a）和竞争物存在条件下（b）CBZ 和 CA 的去除效果

仍然很低（数据未列举），甚至比图 13.4（a）表现出来的还要低。因此，可以得出结论 MIP 在干扰物存在的条件下仍有很高的吸附选择性。相比之下，NIP 受干扰物的影响非常显著。

在 OCBZ 和 DFC 共存的条件下，将 MIP 和 PAC 及 C_{18} 进行了对比，结果表明 MIP 对 CBZ 和 CA 有更好的吸附效率和选择性（图 13.5）。从图 13.5 可以看出，相对于 CBZ 和 CA，MIP 和 NIP 对 OCBZ 和 DFC 的吸附量相对比较低，但 OCBZ 和 DFC 却能被 PAC 和 C_{18} 进行有效吸附，表明 PAC 和 C_{18} 对目标化合物没有专性吸附。因此，以上结果清晰地表明相对于 PAC 和 C_{18}，MIP 对 CBZ 和 CA 有更高的去除效率和选择性，所以从应用的角度，MIP 在选择性去除 CBZ 和 DFC 方面比活性炭和 C_{18} 吸附材料具有更好的前景。

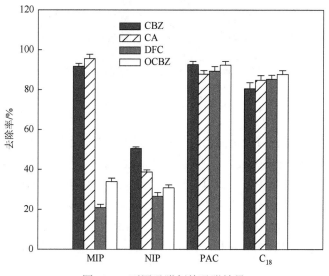

图 13.5　不同吸附剂的吸附效果

13.2.4　MIP 用于实际水体

本节将合成的双模板 MIP 用于不同实际水体中 CBZ 和 CA 的去除，评估了 MMIP 用于专性去除受污染水体中 CBZ 的可行性。如图 13.6 所示，MIP 对加标去离子水、自来水、湖水和河水中 CBZ 的吸附量略低于对加标去离子水中 CA 和 CBZ 的吸附量。原因 MIP 可能吸附了实际水体中存在的有机或无机污染物，从而导致了对 CA 和 CBZ 吸附量的减少。但是，MIP 对实际水体中 CA 和 CBZ 的去除效果始终高于 NIP，表明采用 MIP 选择性吸附 CA 和 CBZ 是可行的。

13.2.5　MIP 的再生回用

MIP 作为吸附材料能否重复使用，是该技术作为水处理工艺是否经济实用的一个重要控制因子，这里研究了 MIP 再生回用的稳定性。从图 13.7 可以看出，本节制备出的分子印迹聚合物具有很好的物理和化学稳定性，CA-MIP 在甲醇/乙酸

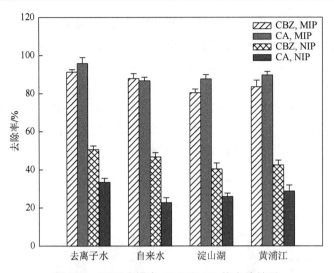

图 13.6　不同水样中 CBZ 和 CA 的去除效果

[9∶1（体积比）] 混合液处理过后可以再生回用，该分子印迹聚合物反复使用 10
次之后印迹能力也未发生衰减，产生回收率波动的原因可能与再生过程造成了
"印迹孔穴"的微量损失有关。再生过程需经浸泡、洗涤、干燥等反复物理过程，
因此可能造成一定的"印迹孔穴"数量略微损失。分离因子变化不大，表明"印
迹孔穴"的"活性"改变很小。本结论证实了 MIP 再生回用的可行性。MIP 易于
回用再生的特性使得其在大规模应用的时候相对于活性炭表现出了很大的优势。

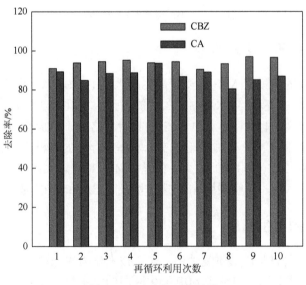

图 13.7　MIP 的再生回用

综上所述，本章所制备的双模板 MIP 具有一定的重复使用能力和再生识别性能，使用 MIP 作为吸附材料去除水体中的污染物质对削弱污水处理成本有很好的经济价值。

13.3　小　　结

本章采用双模板分子印迹聚合物，用于水体中 CBZ 和 CA 的选择性去除。吸附实验结果表明，相对于商业吸附材料（PAC 和 C_{18}），MIP 对两个目标物均表现了卓越的选择性能和吸附能力。即便在复杂环境水体基质共存的条件下，MIP 仍表现了突出的吸附亲和性能，同时 MIP 可以反复回用至少 10 次而性能没有出现明显衰减，这证明 MIP 吸附材料应用于实际水体中 CBZ 和 CA 的选择性去除有着巨大的潜在优势。

参 考 文 献

[1] Ternes T A. Occurrence of drugs in German sewage treatment plants and rivers. Water Research，1998，32（11）：3245-3260.

[2] Heberer T. Occurrence，fate，and removal of pharmaceutical residues in the aquatic environment：A review of recent research data. Toxicology Letters，2002，131（1-2）：5-17.

[3] Ternes T A，Meisenheimer M，McDowell D，et al. Removal of pharmaceuticals during drinking water treatment. Environmental Science and Technology，2002，36（17）：3855-3863.

[4] Tixier C，Singer H P，Oellers S，et al. Occurrence and fate of carbamazepine，clofibric acid，diclofenac，ibuprofen，ketoprofen，and naproxen in surface waters. Environmental Science and Technology，2003，37（6）：1061-1068.

[5] Clara M，Strenn B，Gans O，et al. Removal of selected pharmaceuticals，fragrances and endocrine disrupting compounds in a membrane bioreactor and conventional wastewater treatment plants. Water Research，2005，39（19）：4797-4807.

[6] Andreozzi R，Marotta R，Pinto G，et al. Carbamazepine in water：Persistence in the environment，ozonation treatment and preliminary assessment on algal toxicity. Water Research，2002，36（11）：2869-2877.

[7] Zhou X F，Dai C M，Zhang Y L，et al. A preliminary study on the occurrence and behavior of carbamazepine（CBZ）in aquatic environment of Yangtze River Delta，China. Environmental Monitoring and Assessment，2011，173（1）：45-53.

[8] Drewes J E，Heberer T，Reddersen K. Fate of pharmaceuticals during indirect potable reuse. Water Science and Technology，2002，46（3）：73-80.

[9] Boyd G R，Reemtsma H，Grimm D A，et al. Pharmaceuticals and personal care products（PPCPs）in surface and treated waters of Louisiana，USA and Ontario，Canada. Science of the Total Environment，2003，311（1-3）：135-149.

[10] Heberer T，Butz S，Stan H J. Analysis of phenoxycarboxylic acids and other acidic compounds in tap，ground，surface and sewage water at the low ng/l level. International Journal of Environmental Analytical Chemistry，1995，58（1）：43-53.

[11] Weigel S，Kuhlmann J，Hühnerfuss H. Drugs and personal care products as ubiquitous pollutants：Occurrence and

distribution of clofibric acid, caffeine and DEET in the North Sea. Science of the Total Environment, 2002, 295 (1-3): 131-141.

[12]   Zwiener C, Frimmel F H. Short-term tests with a pilot sewage plant and biofilm reactors for the biological degradation of the pharmaceutical compounds clofibric acid, ibuprofen, and diclofenac. Science of the Total Environment, 2003, 309 (1-3): 201-211.

[13]   Kyzas G Z, Bikiaris D N, Lazaridis N K. Selective separation of basic and reactive dyes by molecularly imprinted polymers (MIPs). Chemical Engineering Journal, 2009, 149 (1-3): 263-272.

[14]   Byun H S, Youn Y N, Yun Y H, et al. Selective separation of aspirin using molecularly imprinted polymers. Separation and Purification Technology, 2010, 74 (1): 144-153.

[15]   Zhang Z B, Hu J Y. Selective removal of estrogenic compounds by molecular imprinted polymer (MIP). Water Research, 2008, 42 (15): 4101-4108.

[16]   Yu Q, Deng S, Yu G. Selective removal of perfluorooctane sulfonate from aqueous solution using chitosan-based molecularly imprinted polymer adsorbents. Water Research, 2008, 42 (12): 3089-3097.

[17]   Dai C M, Geissen S U, Zhang Y L, et al. Performance evaluation and application of molecularly imprinted polymer for separation of carbamazepine in aqueous solution. Journal of Hazardous Materials, 2010, 184 (1-3): 156-163.

[18]   Beltran A, Caro E, Marcé R M, et al. Synthesis and application of a carbamazepine-imprinted polymer for solid-phase extraction from urine and wastewater. Analytica Chimica Acta, 2007, 597 (1): 6-11.

[19]   Beltran A, Marcé R M, Cormack P A G, et al. Synthesis by precipitation polymerisation of molecularly imprinted polymer microspheres for the selective extraction of carbamazepine and oxcarbazepine from human urine. Journal of Chromatography A, 2009, 1216 (12): 2248-2253.

[20]   Krupadam R J, Khan M S, Wate S R. Removal of probable human carcinogenic polycyclic aromatic hydrocarbons from contaminated water using molecularly imprinted polymer. Water Research, 2010, 44 (3): 681-688.

[21]   Jing T, Wang Y, Dai Q, et al. Preparation of mixed-templates molecularly imprinted polymers and investigation of the recognition ability for tetracycline antibiotics. Biosensors and Bioelectronics, 2010, 25 (10): 2218-2224.

[22]   Li P, Rong F, Yuan C. Morphologies and binding characteristics of molecularly imprinted polymers prepared by precipitation polymerization. Polymer International, 2003, 52 (12): 1799-1806.

[23]   Ii R J U, Baxter S C, Bode M, et al. Application of the Freundlich adsorption isotherm in the characterization of molecularly imprinted polymers. Analytica Chimica Acta, 2001, 435 (1): 35-42.

[24]   Rushton G T, Karns C L, Shimizu K D. A critical examination of the use of the Freundlich isotherm in characterizing molecularly imprinted polymers (MIPs). Analytica Chimica Acta, 2005, 528 (1): 107-113.

[25]   Guo W, Hu W, Pan J, et al. Selective adsorption and separation of BPA from aqueous solution using novel molecularly imprinted polymers based on kaolinite/Fe$_3$O$_4$ composites. Chemical Engineering Journal, 2011, 171 (2): 603-611.

[26]   Dai C M, Geissen S U, Zhang Y L, et al. Selective removal of diclofenac from contaminated water using molecularly imprinted polymer microspheres. Environmental Pollution, 2011, 159 (6): 1660-1666.

[27]   Pan J, Xu L, Dai J, et al. Magnetic molecularly imprinted polymers based on attapulgite/Fe$_3$O$_4$ particles for the selective recognition of 2, 4-dichlorophenol. Chemical Engineering Journal, 2011, 174 (1): 68-75.

[28]   Sun Z, Schüssler W, Sengl M, et al. Selective trace analysis of diclofenac in surface and wastewater samples using solid-phase extraction with a new molecularly imprinted polymer. Analytica Chimica Acta, 2008, 620(1-2): 73-81.

[29]   Pan J, Zou X, Wang X, et al. Selective recognition of 2, 4-dichlorophenol from aqueous solution by uniformly sized molecularly imprinted microspheres with β-cyclodextrin/attapulgite composites as support. Chemical

Engineering Journal，2010，162（3）：910-918.

[30]　Yu Q，Zhang R，Deng S，et al. Sorption of perfluorooctane sulfonate and perfluorooctanoate on activated carbons and resin：Kinetic and isotherm study. Water Research，2009，43（4）：1150-1158.

[31]　Yu Q，Deng S B，Yu G. Selective removal of perfluorooctane sulfonate from aqueous solution using chitosan-based molecularly imprinted polymer adsorbents. Water Research，2008，42（12）：3089-3097.

[32]　Chingombe P，Saha B，Wakeman R J. Sorption of atrazine on conventional and surface modified activated carbons. Journal of Colloid and Interface Science，2006，302（2）：408-416.

[33]　An F，Gao B，Feng X. Adsorption and recognizing ability of molecular imprinted polymer MIP-PEI/SiO$_2$ towards phenol. Journal of Hazardous Materials，2008，157（2-3）：286-292.

第 14 章　PhACs 污染控制技术与对策

14.1　PhACs 污染源控制

由于相当大一部分药物是通过尿液排放的，因此希望尿液的分离方法能够代表一种较好的去除药品的方法。该概念提出的目的在于可以从各种污水中分别收集和处理尿液；一种目的是去除药物分子，另一种目的是回收如氮磷等营养物质。

限制对环境中有害 PhACs 的消费是消减废水中该类物质最直接的方法。但是在任何情况下，与环境问题或废水处理和饮用水生产的成本问题相比，提高人类健康这一首要目的都是极为重要的。而且，在化学品的选择上及避免化学药品的误用和滥用上都可以减少化学药品的使用量，从而有助于药品使用中的风险管理。在有几种可比较的化学药品可供选择时，生态标签能够提供给医生、患者或消费者一些关于环境友好药品选择的信息。进而，生态标签能够培养公众的环境意识，以及使消费者和生产者在支持可持续发展标准方面具有做出决策的动机。

14.2　提高污水厂处理工艺

人类所使用的 PhACs 大部分是通过城市污水系统排放的市政和工业废水，目前的处理工艺是通过排水系统将废水收集起来集中处理。集中处理的优点是可以快速地将含有危险废物的污水排放掉。与分散的众多小处理单元相比，通过管理少数几个大污水处理厂的处理工艺可以提高处理效率。集中处理的主要缺点是成本较高，需要投资庞大的污水管网系统，污水传输过程中发生污水损失（如管网泄漏及超出污水厂处理能力时发生溢流），以及含所使用的 PhACs 的部分污水被轻度微污染的污水稀释。尽管已经出现了相关的高级处理工艺，目前的污水收集和处理基础设施只能部分地去除所使用的 PhACs，因此，需要提高污水厂处理工艺，采用去除率较高的工艺。

14.3　开展 PhACs 风险评价工作

地表水和饮用水中药品所产生的主要问题是这些药品（如激素和香料）的浓度是否会对生物和人类产生不利影响。迄今，少数药品（17-炔雌醇、双氯芬酸、吲哚美辛、卡马西平、磺胺甲噁唑）的研究证明这些药品在河流和小溪中的不利影响浓度在 ng/L 的水平，而大多数 PhACs 的研究却没有进行。而且，目前只开展了单一化合物的研究，这种研究可能低估了药品的环境风险，因为药品的混合和其他污染物同时存在于环境中。特别是同一类的药品，由于在环境条件中有类似的行为模式，可能发生叠加甚至是增效的作用，例如，β-阻滞剂对于存在于水体生物的不同种类的 β-阻滞剂有很强的亲和力。因此，迫切需要针对环境中 PhACs 类物质开展较为全面的风险评估机制。

附　录

1. 主要英文缩写词

英文缩写	英文全称	中文名称
AGP	antimicrobial growth promoter	抗菌生长促进剂
CA	clofibric acid	氯贝酸
CAS	conventional activated sludge	传统活性污泥法
CBZ	carbamazepine	卡马西平
DDT	dichloro-diphenyl-tricgloroethane	滴滴涕
DFC	diclofenac	双氯芬酸
ELISA	enzyme-linked immunosorbent assay	酶联免疫吸附测定
GEO	Global Environment Outlook	全球环境展望
HPLC	high performance liquid chromatography	高效液相色谱
IBP	ibuprofen	布洛芬
KEP	ketoprofen	酮洛芬
MBR	membrane bioreactor	膜生物反应器
MXR	multixenobiotic resistance	多组分异生物素抗性
NPX	naproxen	萘普生
NSAID	non-steriodal antiinflammatory	非甾体抗炎药
PAC	powder activated carbon	粉末活性炭
PBT	persistence，bioaccumulation and ecotoxicity	持久性、生物富集性、毒性
SPE	solid phase extraction	固相萃取
WWTP	wastewater treatment plant	污水处理厂
UNEP	United Nations Environment Programme	联合国环境规划署
USGS	United States Geological Survey	美国地质勘探局
UV	ultraviolet	紫外光辐射
WHO	World Health Organization	世界卫生组织
MIP	molecularly imprinted polymer	分子印迹聚合物
NIP	non-imprinted polymer	非分子印迹聚合物
MISPE	molecularly imprinted solid phase extraction	分子印迹固相萃取

2. 变量和符号

k	反应速率常数
K	解离常数
K_{obs}	表观反应速率常数
K_{oc}	水-有机碳分配系数（常用于固体，沉积物）
K_{coc}	水-胶体有机碳分配系数（常用于固体，沉积物）
K_d	水-固体分配系数
K_{ow}	辛醇-水分配系数；$\lg K_{ow} > 3$ 的化合物被认为有潜在性的生物累积
n	样本个数
pK_a	$-\lg K_a$，氢离子解离常数
C_w	溶解物的浓度
C_s	颗粒物表面吸附的物质浓度
t	时间
V	体积，大多数情况下指的是反应体积
Q	气体或液体流量
v	气体或液体表观流速